U0315933

江西理工大学优秀博士论文文库
江西省自然科学基金一般项目支持（编号：20171BAB206030）
江西省教育厅科技重点项目支持（编号：GJJ180422）

光子-离子协合催化材料活化油节能减废研究

黄丽容　陈宇航　金宗哲　著

北　京
冶　金　工　业　出　版　社
2019

内 容 提 要

本书系统地阐述了光子-离子协合催化的作用机理和该材料的应用，全面反映了催化材料的研究现状和发展趋势。

全书共6章，内容包括：引言，国内外节能减废技术和光催化材料的发展概况，协合催化材料的制备及其作用机理，协合催化材料节能减废实验以及节能减废机理。

本书可作为载运工具运用工程专业的研究生教材以及高等院校相关专业师生的教学参考书。

图书在版编目(CIP)数据

光子-离子协合催化材料活化油节能减废研究/黄丽容等著.
—北京：冶金工业出版社，2019.5（2019.11重印）
ISBN 978-7-5024-8084-4

Ⅰ.①光…　Ⅱ.①黄…　Ⅲ.①光催化—功能材料—应用—节能—研究　②离子—催化—功能材料—应用—节能—研究
Ⅳ.①TB34　②TK018

中国版本图书馆CIP数据核字（2019）第064712号

出 版 人　陈玉千
地　　址　北京市东城区嵩祝院北巷39号　邮编　100009　电话　(010)64027926
网　　址　www.cnmip.com.cn　电子信箱　yjcbs@cnmip.com.cn
责任编辑　戈　兰　王琪童　美术编辑　彭子赫　版式设计　孙跃红
责任校对　石　静　责任印制　李玉山
ISBN 978-7-5024-8084-4
冶金工业出版社出版发行；各地新华书店经销；北京建宏印刷有限公司印刷
2019年5月第1版，2019年11月第2次印刷
169mm×239mm；7.5印张；142千字；109页
46.00元

冶金工业出版社　投稿电话　(010)64027932　投稿信箱　tougao@cnmip.com.cn
冶金工业出版社营销中心　电话　(010)64044283　传真　(010)64027893
冶金工业出版社天猫旗舰店　yjgycbs.tmall.com

前　言

本书研究了具有活化空气、活化油的光子-离子协合催化材料（简称协合催化材料)。协合催化材料是集光催化、离子催化、辐射催化为一体的新型功能材料。

协合催化材料在废渣利用和内燃机的节能减废等方面有较好的效果，具有广阔的应用前景。协合催化粉体是由稀土元素掺杂具有光催化功能的纳米TiO_2与具有离子催化功能的电气石粉体复合而成的，协合催化粉体具有较强的产生自由基和负离子的能力。将协合催化粉体与具有辐射性的含钍（Th）的稀土废渣共同制备成协合催化材料。由于协合催化材料在原来光催化材料和离子催化材料的基础上添加了稀土废渣和多种变价金属离子，因此该材料在无日光的条件下，在辐射催化作用下，电子-自由基-分子之间存在一个长期循环的过程，循环的效率和产生负离子的量取决于金属离子的氧化、还原电位即变价的难易程度。协合催化材料不仅解决了光催化反应量子效率低的问题，还具有活化空气、活化油等功能。

为了进行内燃机节能和减废实验，制备了活化空气的板块协合催化材料和活化油的球粒状协合催化材料。将协合催化材料活化空气、活化油的技术应用在发动机上，通过在小型柴油机、大型内燃机车上的试验表明，柴油的油耗有所降低，废气排放下降也比较明显，能够达到活化燃油节能减废的目的。

协合催化材料发生γ衰变，放出的γ射线是光子，光子传递给物质的分子或原子的同时，在物质中产生电子、离子和激发分子。它们将迅速通过化学键断裂，离子分离反应，产生自由基。将协合催化材料应用在柴油改性方面，柴油经过协合催化材料活化后，通过ESR波谱分析，柴油中的一些分子转化为活性粒子自由基，利于组织混合气燃烧，可以减少NO_x、CO等污染性气体的产生；活性分子增多，分子之间的运动加剧，柴油的温度上升，分子间作用力减小，分子间结合比较疏松，体积增加，密度减小，因此柴油的温度比普通柴油的温度高；密度减小；黏度相应减小；十六烷指数有所提高；表面张力下降。柴油的这些性质的改善有利于其完全燃烧，减少废气的排放，因此说明协合催化材料能够活化柴油，改善柴油的燃烧品质，达到减少废气和节省燃油的目的。

本书的工作是在博士导师金宗哲教授的悉心指导下完成的，金宗哲教授严谨的治学态度和科学的工作方法给了我极大的帮助和影响。金宗哲教授悉心指导和不倦教诲使我终生受益。金宗哲教授渊博的知识、开阔的视野、新颖的思路、洞察分析问题的能力、对事业的追求和科学的治学态度，给我留下了深刻的印象。金宗哲教授宽以待人的品格、勇于开拓的精神、谦和儒雅的学者风范及精益求精、一丝不苟的工作精神，无不让我衷心钦服，同时也给我潜移默化的影响。

在本书撰写工作过程中，得到北京交通大学徐宇工教授、韩建明教授、翟洪祥教授、周洋教授、张鹏教授、李德才教授、张志力副教授、王毅副教授和刘建华高级工程师等多方面的支持和帮助，在此表示衷心的感谢。各位老师渊博的知识、活跃的学术思想以及团结互助的精神将使我终生难忘。感谢河北工业大学梁金生教授对本书提出的宝贵修改意见。

感谢北京交通大学机电学院给我提供良好的学习和科研环境，感谢有关领导的帮助。感谢硕士研究生卫罡、麦小波、王圣威、边莉等在实验室工作及本书撰写期间，对我书中的实验研究工作给予的热情帮助，在此向他们表达我的感激之情。

本书主要介绍光子-离子协合材料的研究应用和协同催化机理，也介绍了一些研究经验并提出今后的研究方向，由于作者的水平和对相关信息的掌握不全面等原因，难免有遗漏和不准确之处，恳请读者指正并提出宝贵意见，以便修正。

作 者
2019年1月

目　录

1 引　言

1.1 课题研究背景

近年来，我国汽车工业飞猛发展。据中国汽车工业协会统计分析，2015 年 12 月，汽车产销保持回升态势，产销量双双超过 260 万辆，再创历史新高，2005~2015 年我国汽车产量走势如图 1 所示[1]，2017 年我国汽车保有量已突破 2 亿辆[2]，汽车工业迅速发展带来的负面影响日趋突出。一是能源问题。据国务院发展研究中心报告，到 2010 年和 2020 年，我国机动车的燃油需求量将分别达到 1.38 亿吨和 2.56 亿吨，供求关系将十分紧张。人类目前使用的主要能源有石油、天然气和煤炭三种。根据国际能源机构的统计，地球上这三种能源能供人类开采的年限，分别只有 40 年、50 年和 240 年。值得注意的是，中国剩余可开采储蓄仅为 1390 亿吨标准煤，按照中国 2003 年的开采速度 16.67 亿吨/年，仅能维持 83 年。中国石油资源不足，天然气资源也不够丰富，中国已成为世界第二大石油进口国。二是污染问题越来越受到人们的关注[3,4]。燃油是消耗性、短时间内不可再生资源，随着全球性的资源紧缺、油价上涨，提高汽车燃油经济性、降低燃油消耗不仅可以降低汽车运输成本，而且对保护环境具有重要意义。

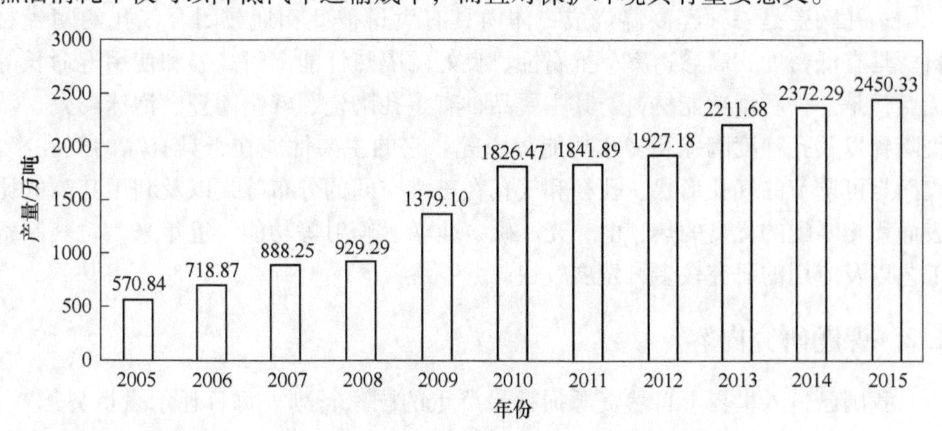

图 1　2005~2015 年我国汽车产量走势图

相关研究调查表明[5]，全球每年因汽车废气排放引发的呼吸道疾病患者高达上百万，作为城市的主要污染源，汽车尾气污染给人类的生命健康造成了严重的危害。但是，当前我国的汽车排放控制水平远远低于其他欧美国家，加之城市道路规划建设不完善，进而加大了对环境的污染。严峻的环境污染问题敦促我们必须高度重视汽车尾气排放问题，积极采取措施进行干预，进而有效改善大气环境，提高环境质量，促进社会经济的和谐发展。

因此开发新能源，特别是用清洁能源替代传统能源，迅速地逐年降低它们的消耗量，同时提高对现有资源的利用，保护环境改善城市空气质量，早已成为实现社会的可持续发展的重要课题。发达国家的能源专家认为，风能、波浪能、地热能、氢能和太阳能五种新能源，在今后将肯定会优先获得开发利用。太阳能不仅清洁干净，而且供应充足，每天照射到地球上的太阳能是全球每天所需能源的一万倍以上。直接利用太阳能来解决能源的枯竭和地球环境污染等问题是其中一个最好、直接、有效的方法。为此，我国制定实施了“中国光明工程”计划。为了充分利用太阳能，一些学者模仿自然界植物的光合作用原理开发出人工合成技术，这种技术被称为“21 世纪梦”的技术，它的核心就是开发高效的太阳光响应型半导体光催化剂。

目前国内外光催化的研究多数停留在二氧化钛及相关修饰。尽管这些工作卓有成效，但是在规模化利用太阳能方面还远远不够。因此搜寻高效太阳光响应型半导体作为新型光催化剂成为当前此领域最重要的课题。

稀土是镧系金属和钇的总称，稀土元素特殊的电子结构使其具有很好的光、电、磁等特性，稀土元素能在不同领域中得到应用，被誉为新材料的宝库，同时也是改造传统材料的“维生素”。在信息、纳米科学为先导的前沿科学中及近代光、电、磁等新材料发展中起着重要的作用。

多孔陶瓷是一种经高温烧成，体内具有大量彼此相通或闭合气孔的陶瓷材料。具有低密度、高渗透率、抗腐蚀、良好的隔热性能、耐高温和使用寿命长等优点，是一种新型功能材料。其主要品种有多孔陶瓷、蜂窝陶瓷、泡沫陶瓷、波纹陶瓷以及孔梯度陶瓷和多孔功能陶瓷等。它的主要性能在于具有高的气孔率、表面与可调节的气孔形状、孔径和气孔在三维空间的分布等，以及利用其高的比表面积相匹配的优良的热、电、光、磁、化学、辐射等功能。近年来，对其制备工艺以及应用的研究较多，发展较快。

1.2 课题研究内容

我国已进入世界上自然资源损耗最严重的国家行列。每日耗水量世界第一，污水排放量世界第一，能源消费和二氧化碳排放量世界第二。经济的飞速发展中存在亟待解决的环保问题，发展循环经济与开发新能源迫在眉睫，循环经济要求企业采用清洁技术来提高资源利用率，因此，除了应用已研究出来的技术去改进发动机以外，从新的角度去改进发动机，达到提高燃烧效率和减少有害废气排放的目的，是各个企业和科研单位的研究重点。

协合催化材料由纳米TiO_2、稀土元素、含ThO_2的稀土废渣和电气石粉体为主复合而成，该材料有效回收利用稀土废渣，利用多孔陶瓷制备工艺在紫外、可见光、红外、微波条件下都具有光催化及离子催化效果，产生大量的自由基和负离子，其催化效率大大提升。由于通过多种组分的协同作用，使其某些性能联合效果大于单独作用效果，产生协合作用的效果，因此叫协合催化材料。

本课题的研究内容主要包括以下几方面：

（1）以稀土元素、纳米TiO_2、电气石为主要原料制备协合催化粉体。

（2）利用XRD、SEM、STM/STS、ESR等分析手段对材料的组成结构、催化性能等进行分析和表征。

（3）制备适用于内燃机车供油和供气系统的，能够活化燃油和空气的多孔陶瓷材料。

（4）探讨协合催化材料协合催化机理及模型。

（5）探讨协合催化材料节油减废机理。

（6）利用协合催化材料来活化柴油，研究柴油的自由基变化，柴油的一些理化性质的变化。

（7）研究了协合催化材料在小型柴油机、内燃机车以及汽车上的节能减废的应用效果。

2 国内外节能减废技术和光催化材料的发展概况

全球经济复苏增大了对石油的需求，油价因此节节上扬，国际原油价格截至去年已经上涨了10%，上升到13年来的高峰。这股强劲的风潮也波及到了中国车市，油价上涨到历年来最高。油耗问题成为当今消费者首要考虑的因素之一。当今世界燃油经济性最佳的发动机当属直喷式柴油机[6~15]，这是由柴油和柴油发动机的技术特点决定的，在日常使用的各种燃料中，柴油的能量密度最高，比液化天然气高出近一倍，比汽油高出10%以上。与汽油相比，柴油不易挥发，着火点较高，不易因偶然情况被点燃或发生爆炸。实验证明，小型柴油发动机比汽油机的燃油经济性高出三分之一。另外柴油轿车的保养费用也普遍低于汽油轿车。

我国的《汽车产业发展政策》也强调要加强对柴油轿车的研发。柴油机有比汽油机优越的动力性和燃油经济性。目前生产的大、中型货车主要是柴油机，小型货车中柴油机的比例也在不断增加。从环保角度看，柴油机的工作原理属于富氧燃烧，排放的一氧化碳（CO）比汽油机少；柴油作为燃料被高压喷入燃烧室后雾化均匀，燃烧充分，碳氢化合物（HC）的排放又较汽油机少得多；至于氮氧化物（NO_x）的排放，则因车辆负荷的不同而不同。一般来说，柴油机在负荷较小时排放量比汽油机高，而在大负荷时，又远低于汽油机；另外，在加剧温室效应方面，柴油机的作用比汽油机低45%。压燃式的柴油机比点燃式的汽油机具有更高的能量转化率能源消耗为汽油机的45%~60%。加之柴油价格低，且保持稳定，发动机寿命也普遍比汽油机产品长。因此，世界各国都在致力于柴油机的研究。欧美国家已有成功的柴油机推广实例：目前，欧美国家的100%重型车、90%轻型车采用柴油机，欧洲柴油轿车已占轿车年产量的32%，法国、西班牙等国高达50%以上。以英国为例，根据目前的燃油价格，和使用排量相同的汽油轿车相比，柴油轿车每年可以给每位英国消费者节省近600英镑的燃油费用。

柴油机与汽油机相比有许多优点，但是柴油机排出的微粒物非常小（一般小于1μm，平均为0.1~0.2μm），且其排放高度正处于人们的呼吸带高，因此在大气的悬浮物中，其危害最大。根据微粒化学成分分析表明，微粒中的主要成分是碳微粒，但其经常夹附着SO_2以及致癌物质多环芳香烃，苯并芘等有害物质，它对人类有着特殊的危害性和毒性。因此，国内外对排放标准中微粒排放量限制日益严格。

从对国产车用柴油机的测试结果来看，烟度值普遍偏高。因此，对国产车用柴油机而言，除制造部门应着手改进结构，提高制造工艺和整机性能外，对以前已投入使用的柴油车应采取相应措施控制其碳烟排放。

2.1　改善内燃机燃烧以降低油耗和减少有害物排放的技术

"环保"和"节能"是世界永恒的主题。在汽车保有量日益增加，能源危机来临的今天，降低汽车油耗和减少排放成为内燃机制造领域的一大热点。

为了能适应市场的需要，除要求提高发动机的技术以外，燃油品质也是很重要的一关。内燃机的节能环保是重中之重，而造成车用柴油浪费和环境污染的有[16]：(1) 燃烧不完全和冒黑烟。柴油中含有太多的重质芳烃、胶质和沥青质等，致使汽化燃烧速度太慢，未来得及完全燃烧而排出。密度大的柴油燃烧不完全冒黑烟。(2) 燃烧不良、冒白烟。尾气中排出含有未燃的雾状类白烟并有燃油气味，浪费柴油。(3) 积炭过多。如燃烧室，特别是喷油器附近积炭过多，造成燃油雾化不良，以致燃烧不完全。因此从柴油的品质着手，用一些新的技术来改善柴油的某些性质使其能够充分燃烧达到节能和环保的目的。近半个世纪以来研究发明了很多技术来对燃油进行改性。有掺水乳化柴油的研究[17]，在乳化油方面最早是1913年剑桥大学的Hopkinson教授，其目的是解决内燃机的内部冷却和消除汽油机爆燃。1927年英国首次利用超声波制成了汽油掺水乳状液。我国在20世纪50年代末和60年代初曾展开过大规模的燃油掺水超声乳化应用尝试，在80年代达到高潮，以后把该技术列入"八五"期间重点研制及推广项目。但是到目前为止，乳化油仍未得到推广和应用。电场或磁场激活燃烧的技术是1924年开始研究提出的，但是至今尚没有产业化，也没有明确节能减废的机理，其发明人及主要方式及其效果列于表2.1。

表2.1　激活燃烧技术

年　份	发明人	方　式	效　果
1924	Malinowski[18]	电场	促进燃烧
1951	Calocate 等[19]	磁场	火焰稳定
1973	吉巓国雄[20]	放射性	燃料改性
1976	Asakawa[21]	电场	促进燃烧
1987	浅川勇吉[22]	电场	加快燃烧、提高热导和蒸发
1998	Fujita 等[23]	磁场	提高氧气量
2001	Watanabe[24]	放射性	燃烧速度提高9%~20%，节能、减废效果显著

Los Alamos美国国家实验室研究中的等离子燃烧技术在燃烧领域可能引起重大的突破[25]。但是以上所说的节能和减废效果没有得到实际应用。

含Ce催化剂在柴油机添加剂中得到广泛应用，如北京化工大学的李仙粉等[26]用环烷酸铈作为消烟助燃剂加入到柴油中，可使排气烟度有所降低，烟度平均降低80%以上，燃油消耗率也有所下降，平均节油率在3.8%以上。于工化[27]发明的高效环保节油器可使柴油在通过该装置时，利用合成陶粒发出的振荡波，改变油的分子结构，使其平均缩小细分，正负离子重排，使受压的油分子释放，产生完全燃烧，从而达到节省燃油、增加动力、减少污染、延长设备寿命的四重功效。

2.1.1 改善柴油车尾气污染技术的进展

柴油机中的有害排放物以NO_x及微粒（PM）为主，因此应主要控制这二者的排放量。基本对策是：降低进气温度、减少参加预混合燃烧的燃油量、降低最高燃烧温度、优化燃烧室内气流运动等以减少NO_x的排放；提高燃油雾化质量、合理分布燃油进气充量、加速燃油与空气的混合、减少润滑油消耗量等。

工程机械对环境的影响主要有三个：一是柴油机的废气排放物对大气的污染；二是噪声对人居环境的污染；三是废油、废水对土壤或地表水的污染。其中，尤以废气排放对人类健康的危害最大。

2.1.1.1 废气中污染物及其危害

柴油机排放的废气中包含有气态、液态及固态的污染物。气态污染物中含有CO_2、CO、H_2、NO_x、SO_2、HC、氧化物，有机氮化物及含硫混合物等；液态污染物中含有H_2SO_4、HC、氧化物等；固态污染物有碳、金属、无机氧化物、硫酸盐，以及多环芳烃（PAH）和醛等碳氢化合物。

上述污染物中，最主要的是CO、HC、NO_x以及固体微粒（PM）。CO是柴油不完全燃烧产生的无色无味气体；HC也是柴油不完全燃烧和气缸壁淬冷的产物；NO_x是NO_2与NO的总称，它们都是在燃烧时空气过量、温度过高而生成的氮气燃烧产物，NO在空气中即被氧化成NO_2，NO_2呈红褐色并有强烈气味；PM是所排气体中可见污染物，它是由柴油燃烧中裂解的碳（干烟灰）、未燃碳氢化合物、机油与柴油在燃烧时生成的硫酸盐等组成的微粒，也就是我们常见的由排气管冒出的黑烟。相对汽油机而言，柴油机的CO和HC排放量较少，主要排放的污染物是NO_x和PM。

CO通过呼吸道进入人体后，会同血红蛋白结合，破坏血液中的氧交换机制，使人缺氧而损害中枢神经，引起头痛、呕吐、昏迷和痴呆等后果，严重时会造成CO中毒。

HC中含有许多致癌物质，长期接触会诱发肺癌、胃癌和皮肤癌。

NO_2刺激人眼黏膜，引起结膜炎、角膜炎，吸入肺脏还会引起肺炎和肺水肿。

HC 和 NO_x 在阳光强烈时的紫外线照射下，会产生光化学烟雾，使人呼吸困难、植物枯黄落叶、加速橡胶制品与建筑物的老化。

PM 被吸入人体后会引起气喘、支气管炎及肺气肿等慢性病；在碳烟微粒上吸附的 PAH 等有机物，更是极有害的致癌物。

2.1.1.2 柴油机的排放标准

为了控制废气污染，许多国家都制订了相应的环保法规和排放污染物防治的技术政策，以及控制排放污染物限制的技术监督标准。欧盟柴油机稳态试验（试验程序 ESC）时的排放标准如表 2.2 所示。

表 2.2 欧盟柴油机稳态试验（试验程序 ESC）时的排放标准

标 准	开始实施年份	污染物排放标准			
		CO	HC	NO_x	PM
欧Ⅰ	1992	4.5	1.10	8.0	0.36
欧Ⅱ	1998	4.0	1.10	7.0	0.15
欧Ⅲ	2000	2.1	0.66	5.0	0.10
欧Ⅳ	2005	1.5	0.46	3.5	0.02

我国已于 2000 年实施了《压燃式发动机和装用压燃式发动机的车辆排气污染物限值及测试方法》（GB 17691—1999）、《压燃式发动机和装用压燃式发动机的车辆排气可见污染物限制及测试方法》（GB 3847—1999）等排放标准。这些强制性的国家标准等效采用了联合国欧洲经济委员会（ECE）有关汽车排放控制的全部技术内容，意味着我国对新车的排放要求已达到欧洲 20 世纪 90 年代初期水平，比旧有的国家标准更加严格了。

在执行新标准中，主要问题是可见污染物排放的测试根据 GB 3847—1999 要求采用取样式不透光度仪，测定连续通过气样管的一部分排气的不透光度，测量单位为 m^{-1}（光吸收系数）。这种全负荷烟度排放值的测量仪器，是一种部分流不透光的烟度计（如 AVL415 型、AVL438 型及 AVL439 型），目前还是依赖于进口；因此，国内仍在沿用旧标准《汽车柴油机全负荷烟度排放标准》（GB 14761.7—1993）、《汽车柴油机全负荷烟度测量法》（HB3847—1993）、《柴油车自由加速烟度排放标准》（GB 14761.6—1993）及《柴油车自由加速烟度的测量滤纸烟度法》（GB/T 3846—1993），利用滤纸测定烟度 Rb，单位为 FSN（滤纸烟度指数）。

2.1.2 国外柴油性质对排放物影响的研究成果

2.1.2.1 硫含量的影响

近年来关于燃料中的硫对颗粒物排放的影响已有很好的认识。燃料中的硫约

98%在燃烧过程中转化为 SO_2，其余 2%作为硫酸盐排放，最终成为颗粒物质的一部分。SO_2 通过排气催化剂会转化为硫酸盐从而使生成的硫酸盐更多，特别在高排气温度下更是如此。Nahel 等人的研究表明，对轿车发动机来说，硫含量在 0.05%以上时，生成的颗粒物质明显增加，这可解释为硫酸盐生成的量增多，而硫含量在 0.05%以下进一步降低则好处很少。但在使用排气处理催化剂后，燃料中的硫含量就变得更关键了，因为催化剂对硫的活性太高，会生成大量硫酸盐而使颗粒物质大大增加。即使硫含量为 450μg/g，也会使颗粒物质比没有催化剂时增加 1 倍，甚至在硫含量降至 10μg/g 时，也只能将总颗粒物质恢复到不用催化剂时硫含量为 450μg/g 的水平。最近的研究集中在开发减少硫酸盐的生成而又不影响 CO 和 HC 脱除能力的催化剂[28]。

Wall 等人[28]对重负荷直接喷射式发动机的研究表明，硫含量由 0.4%降至 0.05%，颗粒物质减少 36%。壳牌公司对同类发动机的研究表明，燃料硫含量与颗粒物质中硫酸盐量之间有线性关系，直接与颗料物质质量有关。同时发现发动机低负荷时的硫酸盐比满负荷时多，可能是结合水较多的缘故。另有研究表明，硫对没有催化剂的轻负荷车辆没有影响，而对重负荷车排放的影响与发动机设计和试验程序有很大关系。高排气温度可导致过多的硫酸盐生成。有的研究认为硫对轻、重负荷车辆的颗粒物质排放都有影响，而对重负荷车辆的影响较大，硫含量是燃料产生颗粒物质的关键性质。

2.1.2.2 芳烃含量

Wall 等人调查了芳烃含量对重负荷直喷式发动机的影响。结果表明，芳烃含量由 30%降至 10%，颗粒物质约减少 16%。一系列试验表明，目前生产的直喷式发动机中，在暖车状态或过渡状态，芳烃对颗粒物质生成没有明显影响，燃烧环境可能使芳烃影响颗粒物质的生成。在间接喷射式发动机冷起动条件下，芳烃对重负荷柴油机的颗粒物质排放没有影响。对直喷式和间接喷射式发动机的研究表明，单环芳烃对颗粒物质排放没有影响，多环芳烃由 3.3%增至 5.7%时，使颗粒物质增加 15%，但由二环或三环芳烃增加的则不明确。另一研究对有催化处理和无催化处理的间接喷射式发动机进行轿车试验，总芳烃对颗粒物质仍无影响，而多环芳烃则影响颗粒物质。多环芳烃与密度有直接的对应关系，所以密度的影响可能由多环芳烃的含量所致。研究表明，减少多环芳烃对减少轻、重负荷柴油车的 NO_x 和颗粒物质排放都是有利的。有的研究表明，降低总芳和密度是减少 NO_x 的最重要因素，减少三环芳烃可减少颗粒物质中的多环芳烃和致变物。

2.1.2.3 密度

壳牌公司的研究结果表明，燃料密度由 840kg/m^3 降至 800kg/m^3，颗粒物质减少13%，但在现代化发动机中，颗粒物质最多减少3%。在轻负荷车试验中，无催化剂车辆的颗粒物质排放可用密度的非线性函数表示。在重负荷车试验中，密度的影响随发动机技术而异。燃料密度对颗粒物质影响的结论：（1）在稳定状态试验时，密度对pre-EuroI发动机的影响最明显；（2）密度对间接喷射式发动机的颗粒物质排放影响最大；（3）对无催化剂直接喷射式车辆，情况不十分清楚，密度对颗粒物质有影响，但多环芳烃影响也显著；（4）对有催化剂的车辆，密度的影响大大减少，催化剂可选择性脱除可溶性有机物而显著减少颗粒物质生成。

2.1.2.4 十六烷值

各种研究结果没有得出燃料的十六烷值对颗粒物质影响的明确结论。有些研究发现十六烷值只对间接喷射式发动机有影响，但另一些人发现十六烷值对直接喷射式和间接喷射式发动机都没有影响。影响都与试验周期有关。增加十六烷值可能只减少可溶性有机物、而不减少总颗粒物质。结论是，十六烷值在48以上不影响颗粒物质，但低于此值则有负效果。欧洲的研究表明，燃料的十六烷值由50增至58，可使CO和HC排放减少10.3%和6.3%，使NO_x减少0.6%，对颗粒物排放无明显影响[29~32]。

2.1.3 国外柴油质量标准发展趋势

2.1.3.1 柴油低硫化

美国从1993年10月1日起开始实行车用柴油硫含量质量分数不大于0.05%的指标。欧洲联盟从1996年10月起在各成员国中实行车用柴油硫含量不大于0.05%的指标。日本已决定从1997年起实行这一指标，韩国计划在1998年达到这一指标。1996年欧洲市场车用柴油硫含量的质量分数平均水平为0.045%，1996年6月欧洲联盟已提出2000年车用柴油规格的指令草案，其中规定硫含量为不大于0.035%。ECE已建议2005年车用柴油硫含量不大于50μ/g。目前我国柴油规格对硫含量的质量分数规定是普通柴油不大于1.0%，一级柴油不大于0.5%，优质柴油不大于0.2%。计划1999年初柴油含硫量降至不大于0.2%，2000年降至不大于0.1%，其中城市柴油不大于0.05%。

2.1.3.2 限制多环芳烃

由于柴油中的多环芳烃与颗粒物质的生成有很大关系，ECE已建议2000年的柴油将多环芳烃体积含量从目前平均市场水平的9%降至6%，并建议2000年的柴油规格将多环芳烃含量最大值限制为11%，欧洲联盟提出的2000年柴油规格草案将15℃密度限值从目前的820~860kg/m^3，改为不大于845kg/m^3，显然这也与降低多环芳烃含量有关。美国加利福尼亚州车用柴油规格是限制总芳烃含量，规定从 1993 年 10 月 1 日起大型炼油厂柴油总芳体积含量在 10%以下，中小型炼油厂柴油总芳体积含量在 20%以下。加州南海岸的柴油规格中规定多环芳烃质量分数不大于 1.4%，在替代配方中规定柴油多环芳烃含量为 2.2%~4.7%，但这些柴油较难生产，主要采用加氢裂化工艺，在世界许多市场不易采纳。

2.1.3.3　提高十六烷值

目前欧洲联盟车用柴油标准 EN590 规定十六烷值不小于 49，十六烷指数不小于 46，已提出 2000 年柴油规格草案中规定十六烷值不小于 51，并建议其市场十六烷值平均值为 53。美国目前的车用柴油十六烷值规格为不小于 40，而实际平均值为 45.5，日本的车用柴油十六烷值规格为不小于 45，实际平均值为 54.5。为了减少柴油车尾气排放污染，美国加州南海岸地区从 1993 年 10 月 1 日起就已把柴油十六烷值规格限值从不小于 40 提高到不小于 48。美国发动机生产者协会提出的优质柴油规格是十六烷值不小于 50。由此可见，适当提高十六烷值是减少柴油车尾气排污的一个发展趋势。我国柴油十六烷值规格从 1987 年起改为不小于 45。

2.1.3.4　新配方柴油

1993 年起芬兰开始执行欧洲联盟的 EN590 柴油规格，为了进一步减少车辆的污染物排放，芬兰在 1991~1993 年进行了 140 辆城市公共汽车的现场试验，从 1993 年 7 月起开始销售这种新配方柴油，并用税收优惠的办法进行推广，至 1996 年年底，新配方柴油已占芬兰所用柴油的 88%。

这种新配方柴油是将硫质量含量降至 0.005%以下，芳烃体积含量小于或等于 20%，十六烷值或十六烷指数大于或等于 47，并限制三环以上重芳烃的含量。这样减少了 NO_x、PM（颗粒物质）、PAH（多环芳烃）、致变物及气味的排放，尾气的氧化催化剂工作良好，废气再循环系统的沉积物减少，添加剂改进了燃料润滑性，并延长了换油期，燃料消耗量未变，生命循环分析表明 CO_2 未增加。

芬兰的柴油平均硫含量从 1980 年的 0.4%降至 1996 年 7 月的 0.04%，卡车和公共汽车排放总颗粒物从 1988 年的 7000t/a 降至 1996 年的 5000t/a，2003 年降至 3000t/a。

使用新配方柴油与用 EN590 柴油相比的效果是：（1）NO_x 排放减少 0~13%；（2）PM 排放减少 5%~40%；（3）PM 中的 PAH 减少 10%~70%；（4）半挥发物中的 PAH 减少 50%；（5）PM 中的致变物减少 30%~90%；（6）甲醛排放减少 0~28%；（7）排气气味减少了刺激性；（8）冷起动的排烟减少；（9）SO_x 排放减少了 90%；（10）CO 检测不变；（11）排气的氧化催化剂使用情况良好，可进一步降低 CO、HC、PM 及 PAH；(12) 废气循环系统和进油管沉积物减少。

由于新配方柴油在加氢过程中把一些微量化合物也除掉了，因而影响其润滑性，对于使用分配型燃料注射泵的轻负荷柴油车（靠柴油润滑）会导致燃料泵损坏。因此新配方柴油中添加了润滑性添加剂，试验表明它不会明显改变 PM 中的 PAH 和致变物等排放物。另外，从 1996 年秋冬季起芬兰在新配方柴油中加了十六烷值添加剂，使十六烷值增至 53。

2.1.3.5 “超清洁”柴油

据报道，21 世纪将需要“超清洁”燃料，包括“超清洁”柴油。美国和欧洲都计划在 2005 年用更严格的法规控制柴油机 PM、NO_x 或多环芳烃的排放，而减少这些污染物排放的许多措施都要求用更清洁的柴油。

目前瑞典 1 级柴油的规格大概是世界上最严格的规格了。有的报道认为这种柴油可能是 21 世纪柴油规格的长远目标。生产这种柴油的技术有的已在现有先进炼油厂中实现，有的处在试验研究阶段。

2.1.4 我国柴油清洁化进程

随着经济的发展，汽车保有量在不断增加，汽车排放造成的大气污染问题受到越来越多的关注，汽车排放的有害物质已成为世界各大城市大气污染的最大公害。据统计每辆轿车每天平均排放 3.55kg 的有害物质，按目前世界汽车保有量 5.5 亿辆计，每年汽车排向大气的有害物质高达 7.15×10^8t。据北京市环保局统计大约 63%的 CO、50%的 NO_x 和 73%的 HC（包括有机挥发物 VOC）来自汽车排放。北京平均每辆车一年排出 110kg，从而造成全市 NO_x 超出国家标准 1.66 倍。

氢碳比（H/C）能够表明燃料的特性，H/C 高则有较高的比能，H/C 低容易积碳和冒烟。由汽油与柴油的构成可知，汽油的氢碳比高于柴油，所以正常情况汽油机的排烟远低于柴油机。但汽油机尾气中的一氧化碳和碳氢化物的排放量远高于柴油机，因此汽油机以控制一氧化碳和碳氢化合物的排放为主要目标，而柴油机尾气中的碳烟是控制的重点。柴油机使用的燃料是较难蒸发、雾化的柴油，其混合气形成和燃烧过程与汽油机有着很大的不同。柴油机在进气过程中进入燃烧室的是空气和柴油的混合物由喷射系统在压缩行程接近终了时才开始直接喷入燃烧室，这样供混合气形成的时间极短，很难形成均匀的混合气，燃烧室内的工质成分也随时间和位置而变化。这种不均匀的混合气是在高温、高压下靠多点自燃着火燃烧的。由于柴油机的混合气形成的时间比汽油机短得多，使得柴油难以在燃烧前彻底雾化蒸发并与空气均匀混合，因而柴油机可燃混合气的品质较差。因此，柴油机不得不采用较大的过量空气系数，使喷入燃烧室内的柴油能够燃烧得比较完全。尽管如此，柴油机燃烧时局部高温缺氧状态还是很严重的，导致排气烟度很大。柴油是众多种燃料中最重要的一种，应用广泛，但由于上述各种原因而使柴油机的燃烧不易完全，易形成碳烟。

我国轻柴油产品标准 GB 252—2000 报批稿，在 2002 年 1 月 1 日起执行，该标准提出氧化安定性总不溶物不大于 0.025mg/mL，硫含量不大于 0.2%，十六烷值不小于 45。中国石化集团为满足城市车用柴油的需要，改善城市柴油车的排放状况，制定了车用柴油企业标准 Q/SHR006—2000，自 2000 年 4 月 1 日起实施。城市车用柴油企业标准对硫含量、氧化安定性、总不溶物及十六烷值等指标提出了更为严格的要求，其中硫含量不大于 0.05%，氧化安定性总不溶物规定为不大于 0.025mg/mL，十六烷值不小于 48，其他指标达到国家一级品标准。

2.1.4.1 柴油存在主要的问题

我国柴油存在的主要问题：我国燃料油生产装置主要有常减压蒸馏、催化裂化、加氢裂化、延迟焦化、催化重整、烷基化、MTBE、加氢精制等。目前石油产品产量已基本满足国民经济发展要求，产品质量也基本满足现行行业标准的要求。但要满足日益严格的环保对清洁燃料的要求，还存在许多问题，首先是我们现行的柴油产品标准就大大落后于欧美先进国家的标准[33]。

现行的柴油标准与国际水平相比差距较大[34]，首要任务是修订柴油标准，使之向国际水平靠拢。2001 年底开始执行新的轻柴油标准。

目前轻柴油产品质量存在的主要问题是：

（1）氧化安定性差，颜色深；

（2）硫含量高，相当一部分柴油的硫含量在 0.5%以上；

（3）十六烷值偏低，部分轻柴油十六烷值仅为 40；

（4）对柴油中的芳烃特别是多环芳烃尚无严格的限制。

表 2.3 列出 1999 年中国石化集团公司轻柴油调合组分情况。

表 2.3 1999 年中国石化轻柴油调合组分

组　分	质量分数/%
直馏柴油	49.69
加氢精制柴油	32.16
催化裂化柴油	14.8
热裂化柴油	2.02
其他	1.29

从表 2.3 可见，中国石化生产的轻柴油中，加氢精制柴油仅占 32.16%，还不足 1/3。未精制柴油中，催化柴油占有相当大的比例，这是造成柴油质量低的主要原因。

综上所述，产生这些问题的根本原因在于我国炼油装置的构成不尽合理。

近年来，中国石化为柴油产品质量升级换代以及执行清洁燃料标准，取得了初步成效。但是，从长远看，要适应国家对清洁燃料越来越严格的要求，在柴油生产方面还有一系列的问题要解决。从炼油企业的实际出发，在大力开发清洁燃料生产技术的同时，还必须进一步加大清洁燃料生产方面的投入。

2.1.4.2 制定新标准

提高柴油质量，标准要先行。2000 年 11 月 13 日中国石油化工集团公司发布了城市车用柴油 Q/SHR008—2000 企业标准 2003 年实施，届时供应城市的车用柴油质量将相当于“世界燃料规范”车用柴油Ⅱ类油（主要指标：硫含量小于 300μg/g，十六烷值不小于 50）。

2.1.4.3 推广新技术

（1）柴油加氢改质系列技术的开发[35~37]。适用于催化柴油改质的中压加氢技术，生产低硫、低芳、高十六烷值的优质柴油；中压加氢裂化技术开发（比高压加氢裂化投资约降低 30%），多产柴油，提高柴汽比，生产优质柴油；不断开发新一代加氢精制和加氢裂化催化剂；同时还要抓紧对现有加氢精制装置扩能改造新技术的开发，采用新技术对老装置进行消除瓶颈扩能改造，这是少投入，多产出，见效快的好办法。

（2）开发应用柴油添加剂。燃油添加剂的种类很多。主要分为三大类：1）节油型添加剂，主要目的是为了提高发动机的功率（相同油量），降低油耗；2）环保型添加剂，主要目的是净化发动机的排放，减少污染；3）目前投放市场的多是综合型添加剂，既节能又能降低发动机排气中的有害物质。性能优越的柴油添加剂是综合型添加剂，既能明显节能又能显著降低柴油机排气中的烟度。要积极推广使用已开发成功的十六烷值改进剂和柴油清净剂。同时开发烃类燃油促燃剂，以改善燃烧，减少污染物排放。

（3）开发汽车节油净化器。伴随着科技的发展，各种前沿或者成熟的技术纷纷被应用，催生了市场上的各类节油器产品，包括：有直接成品进口的、技术引进的、自行研发的；有非接触式安装的、直接添加的；有改善发动机的燃料供应系统、润滑系统、进气系统、电路系统工作特性或品质的；有基于强磁场磁化效应、电磁感应、超声波、远红外线[38~41]、纳米、分子裂变、空气紊流等技术原理的。当然汽车发动机自身的工作原理和机械特性是固有不变的，总之通过种种手段以期达到改善发动机的机械运动性能、获得较佳的空燃比、提高燃料喷射的雾化质量、提高燃烧效率（尽可能完全燃烧）等作用，从而达到先前提及的通用的“功效”。

2.1.5　改善柴油机排放的措施

改善柴油机排放的措施有：提高燃油的品质；减少润滑油的消耗；改进柴油机的燃烧过程；进行柴油机排气后处理。

提高燃油品质的方法有：

（1）提高柴油的着火性能。衡量着火性能的指标是十六烷值。在柴油中加入硝酸烷基酯，它在气缸内能迅速离解，产生活性基，在体积分数为0.1%时，能提高16个单位的十六烷值，从而改善柴油的着火性能。

（2）降低含硫量。在炼油工艺中加氢可以有效地降低含硫量。当柴油中硫的质量百分比在0.05%以下时，便会有效地减少排放中微粒的含量。

（3）柴油添加剂。使用柴油添加剂可改善着火性能，硝酸烷基酯便是添加剂的一种。加入钡、钙、铁的化合物，可以降低碳烟的自然温度，并有改善柴油机滤烟器再生产的作用[42~44]。

产生润滑油堆积的原因较为复杂，是微粒排放的生成源之一，对发动机的运行情况影响最大。除此以外，涉及发动机结构方面的影响因素主要如下：

（1）气缸套：如气缸套变形、表面粗糙度及加工精度等。

（2）活塞环：如气环和油环截面形状、数目；活塞环开口形状；活塞环径向压力分布；加工精度等。

（3）活塞：如活塞外部形状、变形；回油措施；活塞与气缸的配合间隙等。

要保证柴油机在各种工况下良好燃烧，难度极大。随着电控燃油喷射技术、高压共轨、废气再循环、可变增压技术和多气门技术的不断采用和创新，将进一步改进柴油机的燃烧和工作过程，大幅改善柴油机的排放污染，主要方式有：

（1）电控燃油喷射系统。柴油机实现电喷后，其排放污染物会大大降低。仅调整曲线中控优化一项，可降低35%的微粒排放。这项技术在发达国家已大量采用，是继机械喷射技术、增压技术后的又一里程碑。初期的电喷技术是位置控制式，通过改变齿条式滑块及柱塞滑套等机构的位置调节油量和定时，再采用电子伺服控制系统实施这一调节。该系统响应慢，控制频率较低、精度不稳定。新一代的电喷系统则采用时间控制，用新型高速电磁阀取代传统机械机构，对高压燃油实现数字调节。近几年，另一种新型的共轨式电喷系统已问世。该系统不再采用通用的脉动原理，而是采用压力-时间计量原理，通过公用油道油压的连续和各缸喷射过程的电磁阀控制相结合方式实现喷油控制。美国、德国、日本等国已批量生产共轨式电喷系统，它将代表未来柴油机燃油喷射系统的主流。德国奔驰C200CD1轿车，采用共轨式电控喷射系统，独立高压泵，2.2L排量，4000r/min转速，功率、扭矩等各项指标均处于世界领先水平。

(2) 废气再循环。柴油机废气再循环的控制有气电式和电磁式两种，废气再循环排气量的反馈信号分别通过排气流量和排气再循环阀升程信号给出。这两种信号均可反映再循环排气量，各有优劣，通过进气流量测算再循环排气量，其响应速度慢，而通过废气再循环阀升程信号则会由于阀座结炭等问题产生偏差，故目前两种方式并用。

(3) 多气门技术。多气门柴油机扩大了进气截面，提高了柴油机的功率；柴油机喷油嘴中心布置，有利于燃油在空间的均匀分布，可实现关闭部分通道，形成和柴油机转速相适应的进气涡流强度。在低速运转时采用上述方法，可使进气涡流比高速运转时提高一倍，从而提高低转速时柴油机混合气质量，改善柴油机的经济性、动力性和排放。

(4) 涡轮增压中冷技术。一台装有涡轮增压器的柴油机功率输出比未装增压器可增加20%~30%，而采用增压中冷技术甚至可增加50%的功率。这就意味可以用排量较小的发动机代替现有发动机，减轻发动机和整车质量，从而节约燃料消耗，并改善排放。

柴油机的排气后处理主要有：

(1) 用来降低微粒排放的微粒捕集器。

(2) 用来降低微粒中有机可溶成分 SOF（主要成分是高分子的 HC）以及气态 HC 和 CO 的氧化催化转化器。

(3) 用来降低 NO_x 的选择性还原催化转化器。

随着柴油机的广泛使用，柴油机的环境污染，噪声污染、冷起动性能及振动，已经成为衡量柴油机的技术水平的重要指标，同时也是决定柴油机能否继续扩大其市场占有率的主要因素之一。因此，要满足现行及未来的排放法规，就必须降低有害物质 CO、HC、NO_x 和微粒的排放，也即是采取各种技术措施，从而获得良好的动力性，经济性和低排放目标。

现在全球各大厂商正致力于新型绿色环保柴油机的研发，在 NO_x 和颗粒物的排放方面将得到进一步改善。而起关键作用的是在燃油的精确配置和废气的后置处理，更多的电子新科技将运用到新一代柴油机上。而且在混合动力方面柴油机也有其显著的特点，高扭矩配合电动汽车的快速响应和零排放，将是一种很不错的选择。而且柴油机普及也得到了各国政府的普遍支持和政策鼓励，柴油机技术的开发和技术更新日新月异。所以在今后的汽车时代，柴油机将得到更普遍的应用。

2.2 稀土材料在能源环境领域中的应用

作为我国的重要战略资源，稀土材料在环保、能源等高新技术领域有着广泛的用途，将轻稀土应用于催化材料为稀土的综合利用找到了一条很好的出路。

我国是稀土资源大国。稀土储量约占全球已探明储量的41.4%，其中70%左右为轻稀土元素。稀土矿产品的年产量和供应量已占世界总量的90%左右。但是相对于美国、欧洲及世界平均水平。中国稀土催化材料占总稀土用量的比例并不高。这不仅阻碍了轻稀土的高效利用，只能成为发达国家稀土催化材料的原料供应国，也阻碍了由稀土催化剂带动的能源与环保产业的快速发展。因此，围绕国家能源结构调整、整治大气污染和稀土资源高效利用的重大需求，开展稀土催化材料制备科学及应用基础研究，对于解决我国稀土材料供需严重失衡，实现稀土资源全面和高效利用，推进新能源的利用和环境保护技术的科学进步具有重大的科学和社会意义。到目前为止，稀土催化材料主要有分子筛稀土催化材料、稀土钙钛矿催化材料以及铈基催化材料等三类，已在机动车尾气净化、石油化工、燃料电池、催化燃烧以及高分子材料无铅助剂等诸多能源环境领域得到研发和应用。

2.2.1 稀土在汽车尾气净化中的作用

近年来，我国机动车产量及保有量一直呈高速增长势态。自2002年10月以来。我国的汽车产量平均增长率超过37%。2002年产量为325万辆。2003年已达440余万辆。2004年超过520万辆，这一产量已超过法国，使中国成为继美国、日本、德国之后的世界第四大汽制造国。因此，机动车及燃油发动机尾气造成的大气污染日趋严重，排气污染治理势在必行。按照目前的发展趋势，我国的汽车、摩托车和小型汽油机的尾气排放标准都日趋严格，而对于发动机的排气污染的治理，主要依靠安装含催化剂的净化器，为稀土催化材料提供了广阔的空间。

作为汽车尾气净化器的核心关键技术的催化技术，其使用的催化剂经历了从第一代到第四代（自1975~1995年以后）的发展历程[45]。汽车尾气净化器的发展非常快。由于纳米材料具有优越的物理化学性能，近年来世界各国正在集中力量研究和开发新一代纳米级尾气净化催化剂。我国自20世纪70年代起开始进行汽车尾气净化及相关技术的研究，常规稀土材料净化催化剂已基本具备了向产业化转化的条件。目前我国一些企业（如无锡威孚力催化净化器有限责任公司，上海华理环保发展有限公司，北京蓝天协作技术，惠州侨兴稀土金属有限公司等）已抓住这一大好时机[46]，尽快抢占这一市场。但纳米级的稀土材料应用于汽车尾气净化的报道则相对较少，其生产的产业化还没达到成熟阶段。四氧化三钴的纳米晶颗粒对CO等的氧化反应具有近100%的转化率和良好的选择性，纳米级的氧化铈/氧化锆二元和三元的复合粉体，比单组分的氧化铈颗粒有更好的有利于CO和NO转化的作用。目前其作为汽车尾气处理（三效催化）中的第二载体，已被国外广泛应用于环保领域。我国在这方面还刚开始起步。正如其他材料一样，一种新材料真正的规模化应用是有很多前提条件的。首先材料的性能必须满足应用提出的要求：其次新材料的使用必须能为使用者带来实际的效果：最后，材料必须是能规模化生产的，以便能以较低的价格，连续地向市场提供。我国是世界上稀土资源最丰富的国家，研究开发稀土纳米技术并将其应用于各种材料，包括各种功能的汽车尾气净化材料，都将具有广阔的应用前景。可以预见，功能各异的稀土纳米材料将会成为21世纪的一项具有重要意义产品。

（1）作为汽车尾气净化催化剂。汽车尾气中的主要有害成分为碳氢化合物（HC）、一氧化碳（CO）和氮氧化物（NO），在净化器中的化学反应同时存在氧化和还原反应，因此，需要找出一种能使氧化和还原两类反应同时进行的三元催化剂，使催化剂在汽车排气管内，借助于排气温度和空气中氧的浓度，对尾气中的CO、HC和NO同时起氧化还原作用，使其转化成无害物质CO_2、H_2O和N_2。余林、宋一兵等考察了Ce-La稀土对催化剂活性的影响[47~51]。研究结果表明，CeO_2的引入明显地提高了CO和NO的催化转化活性。因此，可用稀土氧化物完全或部分代替贵金属来担当催化剂的活性组分，催化还原CO、HC和NO。

（2）提高催化剂的抗毒能力。贵金属三效催化剂易发生Pb、S、P等中毒，稀土氧化物可使毒物反应生成其他物质，延长催化剂的寿命[52]。

（3）提高催化剂载体的热稳定性和机械强度。净化汽车尾气的催化剂附着在载体上，装在汽车排气管内，借助排气温度和尾气中氧浓度，将尾气的CO、HC和NO转化为无害的CO_2、H_2O和N_2，这期间催化剂及载体不断受到汽车颠簸振动，高温气流的冲刷及腐蚀等多种作用，在这样异常严酷的工况条件下，大多数催化剂载体材料被淘汰，而添加了稀土镧、铈、钇的某些材料承受住了考验。它们在汽车尾气催化剂载体热稳定性和机械强度方面发挥了至关重要的作用。文献［47］也研究了稀土对Al_2O_3载体的热稳定性的影响，结果表明，La_2O_3的添加改善了载体Al_2O_3的高温高比表面性能。

（4）调节空燃比和贮氧。为保证最大限度地发挥TWC（三效催化剂）的三效作用，必须使汽车尾气中CO、HC和NO三者的浓度达到某种程度的平衡，并将燃油喷入量和空气引入量控制在一个最佳比值，这个比值称为空燃比（A/F）。TWC的理想空燃比为14.6，在这个数值区间内，催化剂对CO、HC和NO的转化率可达80%。当空燃比大于>14.6时，CO和HC的转化因缺氧而难以进行，为了提高催化剂的空燃比工作窗口，可在催化组分中加入具有贮氧功能的氧化铈（CeO_2）。氧化铈在贫氧时贮存氧，在富氧时释放氧，从而拓宽了空燃比工作窗口。稀土Ce助剂为控制空燃比提供了一种贮氧作用，这是由于稀土氧化铈是变价元素，有三价、四价多种价态，当尾气氧气过剩时，它贮存氧，由低价氧化态氧化物Ce_2O_3向高价态CeO_2转化，促进NO_x的催化转化；当氧气不足时，它由高价态CeO_2向低价态Ce_2O_3转化，释放出晶格氧，以补充体系中气相氧含量的不足，从而有利于CO和HC的氧化。CeO_2的添加也有利于在贫氧和富氧情况下CO、HC和NO之间的相互作用。因此，催化剂三效窗口的拓宽主要是因为CeO_2的储氧功能以及在贫氧和富氧情况下CO、HC和NO间的相互作用。

(5) 在催化剂中的协同作用。稀土作为三元催化剂的助剂，在实践使用过程中，发现它们之间是相互协同作用的。催化净化能力不是简单的中和，其中Ce提高了载体的热稳定性，促使贵金属稳定分散，通过与贵金属相互作用改善催化剂的性能。

(6) 在氧传感器中的作用。氧传感器是指示排气中是否有过剩的氧气的一种气敏元件，它通过氧离子的移动，把氧离子移动时产生的电荷与电极界面上的氧变化联系起来，选择性地对氧进行检测，从而起到氧敏元件的作用，将氧传感器置于汽车排气控制系统，控制空燃比在14.6区间附近。氧传感器实际上是稳定化的氧化锆刚体电介质，单一的氧化锆晶体随温度升高晶格体积变大，使材料结构破坏，但如果添加稀土氧化物，例如氧化钇，可形成稳定的萤石型立方晶体结构，这种稳定化的氧化锆固体作为氧传感器材料十分适合汽车排气中高温、强震、易腐蚀的苛刻运行工况。

2.2.2　稀土催化材料在石油化工中的应用

石油炼制与化工是稀土催化剂应用的一个重要领域。也是最早应用混合稀土的领域之一。我国自20世纪70年代中期开始生产和使用稀土分子筛裂化催化剂，20世纪80年代达到高峰。近年来，由于环保法规的日益严格，石化企业的催化裂化（FCC）工艺需要采用更为先进的催化剂以提供更为清洁的燃料。同时由于国际原油价格居高不下，要求提高重油转化能力，增加液体收率，提高汽、柴油收率的任务已迫在眉睫。研究表明，稀土催化剂不仅可以改善分子筛的活性、选择性、水热稳定性和抗钒中毒能力，明显提高石油裂化过程汽柴油的收率，还可以提高液化气及烯烃的收率，增强重质油的转化能力，满足我国原油重质化变化的需求。

2.3　催化材料的发展概况

2.3.1　光催化技术研究概况

自日本Fujishima和Honda[53~55]发现TiO_2半导体电极光解水以来，半导体光催化反应方面的研究得到了深入而广泛的开展。1976年Carey[56]等首次提出用TiO_2光催化降解多氯联苯，开辟了半导体光催化剂在环境保护方面应用的新领域，对光催化的迅速发展起到了极大的推动作用。研究证明，许多半导体材料具有光催化作用[57~61]，可用光催化氧化的方法分解数百种主要的有机或无机污染物，在土壤、水质和大气的污染治理及抗菌等方面展现出十分光明的应用前景。国际上已开发出相应的水质净化器、空气净化器及室内保洁材料、食品和花卉保鲜膜、自洁和抗雾玻璃、抗菌陶瓷等性能优异的光催化产品，显示出巨大的社会效益和经济效益。

在光催化反应过程中，光生空穴有很强的得电子能力，具有强氧化性，将其表面吸附的 OH^- 和 H_2O 分子氧化成 ·OH 自由基，而 ·OH 几乎无选择地将有机物氧化，并最终降解为 CO_2 和 H_2O。也有部分有机物与空穴直接反应，而迁移到表面的电子则具有还原能力。整个光催化反应中，·OH 自由基起着决定性作用，使光催化材料具有净化空气、抗菌等功能[62~66]。

在光催化反应过程中，主要是利用 N 型半导体光生空穴的氧化能力，而不是 P 型半导体光生电子的还原能力，因此光催化研究的多为 N 型半导体，如 TiO_2、ZnO、SnO_2、Fe_2O_3、CdS、WO_3 等，其中 TiO_2、ZnO、CdS 的光催化活性较好。但 ZnO、CdS 在光照条件下自身很不稳定，易发生化学腐蚀，而 TiO_2 的化学性质稳定，且具有无毒、催化活性高、成本较低等诸多优点而最受重视也最常用[67~75]。协合催化材料中应用的就是 TiO_2。

但是 2000 年的全国光催化会议指出以 TiO_2 半导体为基础的光催化技术还存在几个关键的问题，使其广泛的工业应用受到极大限制。这些问题主要包括[76~82]：

（1）量子效率低（约 4%），在 TiO_2 体相内产生的光生电子-空穴对只有扩散到表面，空穴才能将其表面吸附的 OH^- 和 H_2O 分子氧化成 ·OH 自由基，在扩散过程中，一部分空穴将与电子相碰而复合，这是导致光催化量子效率低的重要原因。

（2）太阳能利用率低，由于 TiO_2 半导体的能带带隙 $E_g = 3.2eV$，仅能吸收利用太阳能的波长小于 387.5nm 紫外线部分。

（3）光催化剂的载体技术问题，难以保证较高的光催化活性又满足特定材料的理化要求前提下在不同材料表面均匀、牢固地负载光催化剂。

对于上面的前两个问题到 2002 年已基本得到解决，原来被学术界认为催化效果较差的金红石型纳米 TiO_2（禁带宽度 3.0eV），其能吸收比较长的波长光的优越性被体现出来。我国的一些单位利用 Na、Mg、Al 等不同价态元素的掺杂生产的金红石型 TiO_2，不仅在 550nm 光波的作用下可实现光催化，而且光催化效率较高。日本丰田中央研究所研制的 $Ti_{2-x}N_x$ 薄膜可吸收 520nm 波长的光[83]。掺杂过渡元素在禁带中插入能级的办法来提高光催化的量子效率和实现可见光催化是目前提高光催化效率的主要手段[84~87]。采用掺杂的办法引入能级，可以增加光量子（$h\nu$）的吸收，要增加光催化效果还必须减少“电子”与“空穴”复合。有关 TiO_2 微粒的制备方法、掺杂金属离子[88~99]、掺杂有机燃料、催化剂载体、负载重金属[100~104]、表面处理[105~109]、在禁带中引入中间能级、不同气氛热处理等方面一直是 TiO_2 光催化材料研究的热点[110~114]。

为了提高 TiO_2 的光催化活性，研究了许多方法，目前常用的方法主要有以下几种。

2.3.1.1 减小粒子大小，使其达到纳米级别

纳米 TiO_2 粒子光催化活性明显优于相应的体相材料[115~117]，一般认为主要由两个原因所致：

（1）由量子尺寸效应引起吸收边向短波方向移动即所谓的“蓝移”现象，禁带宽度 E_g 由于粒子粒径的减小而增大，使导带电位变得更负，而价带电位变得更正。这就意味着纳米粒子获得了更强的氧化及还原能力，从而提高其光催化活性。

（2）粒径越小，光生电子与空穴从粒子内部扩散到表面越快，复合的几率越小，从而提高其量子产率。计算表明，在粒径为 1μm 的 TiO_2 粒子中，电子从体内扩散到表面的时间约为 100ns，而在粒径为 10nm 的微粒中该时间只有 10ps。

另外，纳米粒子的比表面积大，表面活性原子增多，表面能大大增加，使粒子吸附能力增强，对催化反应十分有利。

不同晶粒尺寸 TiO_2 对苯酚光催化降解研究表明：随着粒径的减小，光催化活性增高，晶粒尺寸从 30nm 减小到 10nm，TiO_2 光催化降解苯酚的活性提高近 45%。

2.3.1.2 过渡金属离子掺杂

适当的过渡金属离子掺杂[118,119]可以在半导体晶体中引入晶格缺陷或改变结晶度，使之形成更多的光催化活性位，并且由于金属离子是电子受体，其对电子的争夺减少了 TiO_2 表面光生电子 e^- 和光生空穴 h^+ 的复合，从而使 TiO_2 表面产生更多的·OH，提高催化剂的活性。但过多的掺杂量会增加催化剂表面载流子复合中心的数目，使活性下降。而且只有一些特定的金属离子有利于提高光量子效率，其他金属离子的掺杂反而是有害的。

Choi 等[120]研究了 21 种金属离子对 TiO_2 的掺杂效果，发现 0.1%~0.5%的 Fe^{3+}、Mo^{5+}、Ru^{3+}、Os^{3+}、Re^{5+}、V^{4+}、Rh^{3+} 等离子掺杂能够提高 TiO_2 光催化反应活性，而掺入 Co^{3+} 和 Al^{3+} 则有碍反应的进行。

高远[99]以稀土盐和钛酸丁酯为原料，采用溶胶-凝胶法制备了掺杂稀土光催化剂 Re/TiO_2，结果发现，适量 Re 的掺入可有效扩展 TiO_2 的光谱响应范围，使光催化活性提高。

2.3.1.3 半导体复合

将 TiO_2 与其他半导体化合物或绝缘体复合也是提高其催化活性的措施之一。

TiO_2 与绝缘体复合时，绝缘体大都起载体的作用。这些载体均具有良好的孔结构和较大的比表面积（如 Al_2O_3、SiO_2、炭黑等[121~123]）。TiO_2 负载于载体上可获得较大的表面结构和适合的孔结构，并具有一定的机械强度。另外，载体与活性组分间相互作用会产生一些特殊的性质，如由于不同离子的配位及电负性不同而产生过剩电荷，增加半导体吸引质子或电子的能力等，从而提高了催化活性。

TiO_2 与半导体复合[124~126]时，由于不同的半导体的禁带宽度不同，将不同的半导体进行复合造成能级交错，可以提高系统的电荷分离效果，有效地扩展其光谱响应范围，扩大其对太阳光中可见光部分的吸收。以半导体 CdS 与 TiO_2 复合[127]为例，CdS 的禁带宽度为 2.5eV，锐钛矿型 TiO_2 的禁带宽度为 3.2eV，当激发能不足以激发 TiO_2 却能激发 CdS 时，由于 TiO_2 导带比 CdS 导带电位高，使得 CdS 上受激产生的电子更易迁移到 TiO_2 的导带上，激发产生的空穴仍留在 CdS 的价带，这种电子的迁移有利于电荷的分离；当用足够激发能量的光照射时，TiO_2 和 CdS 同时发生带间跃迁，由于能级差异，电子聚集在 TiO_2 的导带，而空穴聚集在 CdS 的价带，光生电子和空穴得到分离，从而提高了量子效率。分离的电子和空穴可以自由地扩散到表面与吸附物质进行交换。

2.3.1.4 光敏化

将光活性物质以物理或化学吸附于光催化剂表面，这些活性物质在可见光下有较大的激发因子，只要活性物质激发态的电势比半导体导带电势更负，就有可能使激发电子输运到半导体材料的导带，从而扩大半导体激发波长范围，增加光催化反应的效率，这一过程就是催化剂表面光敏化作用。有机染料、叶绿素、腐殖酸、不饱和脂肪酸等都可吸收可见光作敏化剂。光敏化是半导体修饰中开展最早的研究领域，起源于 20 世纪 70 年代，但当时光敏化效率很低，直到 80 年代中期，由于发现量子效率现象，光敏化才重新引起人们的兴趣。

邓南圣等[107]将一定量 FePz(Cu,Fe) 大分子、酞菁蓝溶解在 DMF 中形成溶液，然后加入一定配比的 TiO_2 纳米粒子。在一定的温度下搅拌、减压并蒸发此溶液，然后将所得产物干燥，得到 FePz(Cu,Fe)-TiO_2 和酞菁蓝-TiO_2 复合催化剂粒子产物。复合催化剂 FePz(Cu,Fe)-TiO_2 和酞菁蓝-TiO_2 对于橙黄Ⅱ水溶液的光催化脱色有较明显促进作用，其催化效果要好于单独的 TiO_2 纳米粒子。

2.3.1.5 贵金属沉积

贵金属（如 Pt、Pd、Au、Ru 等[128~130]）对半导体催化剂的修饰是通过改变电子分布来实现的。在 TiO_2 表面沉积适量的贵金属后，由于金属的费米能级小于 TiO_2 的费米能级，即金属内部和 TiO_2 相应的能级上，电子密度小于 TiO_2 导带的电子密度。因此，载流子重新分布，电子从 TiO_2 向金属扩散，直到它们的费米能级相同。电子在金属上的富集，相应减小了 TiO_2 表面电子密度，从而抑制了电子和空穴的复合，另外还可降低还原反应的超电压，提高 TiO_2 的光催化活性。贵金属以原子簇形态沉积在半导体表面，聚集尺寸一般为纳米级；半导体的表面覆盖率往往是很小的。

孙振世[104]以 250W 高压汞灯为光源，通过光化学沉积法在 TiO_2 表面上担载 1%Pt 制备的催化剂对难降解高聚物 PVA（聚乙烯醇）进行了研究，发现 1%Pt/TiO_2 具有很好的光催化活性，在用量为 $30g/m^2$、光照 60min 时，PVA 的光催化降解率可达 78.3%。PVA 的光催化降解可分为两个阶段，前一阶段 PVA 主要生成中间产物，后一阶段 PVA 被彻底氧化分解。1%Pt/TiO_2 可以明显缩短前一阶段的反应时间，增强后一阶段 PVA 的矿化作用，增加矿化阶段反应级数与反应速度常数。

2.3.1.6 外场作用

各种外场，如热场、电场、微波场和超声波场等，也对 TiO_2 的光催化作用有促进作用。

A 光热耦合催化

加热对光催化的作用：通过反应体系温度的提高来提高反应的速率，增加催化剂的光吸收。常用的 TiO_2 半导体的本征光吸收是间接跃迁过程，需要吸收或发射声子，使跃迁的动量守恒。热场的引入使 TiO_2 微晶内的晶格振子热运动加剧，增加导带电子在光照作用下吸收和发射声子的几率，从而增加了带间间接跃迁几率，提高了光吸收效率。付贤智等[76]在 Pt/TiO_2 催化剂光化分解苯的研究中发现，光催化和热催化具有耦合效应：TiO_2 在 35℃光催化反应和 120℃纯热催化反应的苯转化率分别为 3.3%和 16.2%，而 120℃在紫外光照射下反应转化率达 52.3%，是前二者之和的 2.7 倍。另外，与光催化反应相关的氧化还原反应大多伴随着放热或吸热效应，因此温度对其影响也是不能忽视的。

B 电场助光催化

电场对催化剂表面的电子和空穴有定向分离，减少复合几率的作用。研究证明[131,132]，给 TiO_2 施加阳极偏压，光生空穴受内部电场的作用可迅速迁移到表面，而光生电子则通过外电路迁移到对电极表面，导致氧化还原反应发生，电子与空穴的复合速率将显著减少，从而改善 TiO_2 的光催化性能。Vinodgopal 研究了染料 AO_7 在 TiO_2/SnO_2/OTE（导电玻璃）上的光催化降解[133]，发现在单通氧气的条件下，反应 30min 时 AO_7 的浓度下降 84%，而在氮气气氛下，当把阳极偏压的数值由0.43V提高到0.83V（小于AO_7的氧化电位）时，AO_7则可完全降解。

C 微波场助光催化

将微波场引入光催化反应体系可产生微波-光耦合催化现象，微波场通过强极化作用能提高光生电子的跃迁几率。付贤智等[76]发现，施加微波能提高TiO_2催化剂对C_2H_4的光催化氧化活性，活性从单纯光催化条件下的27%提高到相应微波光催化时的32%，并认为微波场的存在：（1）可增加催化剂的光吸收。微波场通过对催化剂的极化作用使其表面可产生更多的悬空键和不饱和键，从而在能隙中形成了更多的附加能级（缺陷能级），使光吸收红移，吸收利用率提高。（2）可抑制载流子的复合。微波场可使催化剂的缺陷成为电子或空穴的捕获中心，降低电子-空穴的复合率。（3）可促进水的脱附。在气-固光催化反应过程中，环境空气中的水及光催化产物水在催化剂表面强烈吸附，对光催化反应有抑制作用。在微波场下，吸附的水分子可从催化剂表面脱附，促使更多的表面活性中心参与反应。（4）可促进表面羟基生成自由基。微波辐射使表面振动激发态羟基的数目增多，有利于羟基自由基的生成[134]。

D 超声波场的作用

超声波有超声空化作用，通过使液体中微小气泡快速的形成和破裂在气泡附近很小的区域产生瞬间高压（可达几千个大气压的激流）、高温（可达5000K）和高速冲流，可加速降解产物从催化剂表面的脱附；可在液固界面引起空化效应、微喷射冲击和激波破坏，引起光催化剂微粒间高速碰撞，使光催化剂颗粒变小，比表面积增大，产生更多的活性中心；产生超空泡效应，形成有利于反应进行的瞬间局部高温高压条件。王涵慧等[135]利用超声作用与光催化作用耦合降解硫化氢，发现反应10min，反应中释放的氢气量比单纯光催化提高了15.8倍。

2.3.1.7 控制TiO_2晶型

TiO_2有三种晶型：锐钛矿（Anatase）、板钛矿（Brookite）和金红石（Rutile）。其中用作光催化的主要是锐钛矿和金红石，板钛矿因为结构不稳定，而极少被应用。一般在光催化反应中，锐钛矿型TiO_2的光催化活性比金红石型的高[136]，主要原因是：（1）晶型结构：锐钛矿型TiO_2属于四方晶系，空间群为$I4_1$/amd，金红石型TiO_2属于四方晶系，空间群为$P4_2$/mnm，其结构上的差异使得两种晶型有不同的能带结构。锐钛矿的禁带宽度E_g为3.2eV，金红石的禁带宽度E_g为3.0eV，由于禁带宽度越大，产生的光生电子和空穴的氧化还原电极电势越高，因此锐钛矿比金红石具有更高的光催化活性。另外，锐钛矿比表面积较大，光生电子和空穴更容易分离，从而提高了量子效率。（2）晶格缺陷：锐钛矿型TiO_2晶格中含有较多的缺陷和错位，可产生较多的氧空位来捕获电子，而金红石型TiO_2是稳定的晶型结构形式，具有较好的晶态，缺陷少，导致光生电子和空穴容易复合。

围绕 TiO_2 的改性、提高太阳能的转化率、改进光催化方法、提高光催化效率，仍将是广大研究者的主要课题和方向。

2.3.2 离子催化研究概况

根据大地测量学和地理物理学国际联盟大气联合委员会[137,138]采用的理论，空气中正离子有 $H^+(H_2O)_n(n=1,2,3,\cdots)$，$NH_4^+(H_2O)_n(n=1,2,3,\cdots)$；空气中负离子有 $O_2^-(H_2O)_n$，$OH^-(H_2O)_n$ 与 $CO_4^-(H_2O)_n$。而空气离子的大小和迁移率可以把空气离子分为[139,140]：迁移率在 0.5~3.2$cm^2/(V \cdot s)$ 之间、粒子直径在 1.6~0.36nm 为小离子；迁移率在 0.034~0.5$cm^2/(V \cdot s)$ 之间、粒子直径为 7.4~1.6nm 为中离子；迁移率在 0.00041~0.034$cm^2/(V \cdot s)$ 之间、粒子直径为 79~7.4nm 为大离子。在常温常压下，在地面附近，正负离子的形成速率通常是 10~40 对$/(cm^3 \cdot s)$。当然土壤表面的性质、地球表面的自然状况，测量位置和测试条件等都会影响近地面的离子浓度，如一般酸性岩石比碱性和中性岩石含有更多的放射性物质，沉积岩放射性物质比火成岩少，产生离子对数不尽相同[141,142]。地球表面的空气离子 35% 由土壤中的放射性物质产生的，50% 由放射性气体产生，15% 由宇宙射线产生。丹麦技术大学的 Niles Jonassen 先生[143]描述了射线致使空气电离产生空气离子的过程，他指出一个中性分子被打出一个电子后形成正离子，带一正电荷，它迅速吸引周围空气中的极性分子（主要是水分子）形成空气正离子；而释放出的电子结合周围的分子或原子，通过碰撞很快与附近的分子（主要是氧分子，因为空气成分主要是氧气和氮气，但是氮气对电子没有亲电性）相结合形成负离子，负离子在结合一定的水分子形成空气负离子团，结合分子的数量由空气的湿度决定，湿度高结合的水分子量就多，反之则少，一般结合 8~10 个水分子。空气离子总是成对产生，有相同数量的正离子和负离子。从中性原子或分子中打出一个电子的能量大约是 34eV($\sim 5.4 \times 10^{-18}$J)，波长较短的电磁波（如 X 射线、γ 射线）具有这样的能量。

负离子产生的途径总的来说有两种，一是自然产生，二是人工产生。

（1）自然产生：空气中的负离子通常来自大自然。负离子的产生最根本的是要使空气中的气体分子电离，产生电子转移。所以，要使气体电离必须有能量的来源。光能、化学能、机械能、生物能和电能等都可能使气体分子电离，产生负离子。空气中负离子的产生与温度、湿度、射线和气体的流动等都有关系。

1）机械作用：空气中分子的机械运动能量转化为化学能，使空气中水分子电离，产生负离子。一种情况是，由于空气的热运动，空气分子产生摩擦、相互碰撞导致气体分子的电离或电荷转移产生负离子（如产生 OH^- 离子，水化后形成 $(H_3O_2)^-$）。另一种情况是由于水的落差，水分子与空气摩擦或水分子之间的撞击致气体分子的电离或电荷转移产生负离子。所以，有瀑布的地方空气中负离子浓度比较高。

2）射线作用：在阳光、宇宙射线、岩石和土壤的放射作用下，空气中分子吸收光子和 γ 射线而电离。在室外，田野里负离子浓度较高与此有关。此外，在居民楼中放射性检测发现，随着高度的增加，空中的放射性浓度减小，负离子浓度降低，与随着楼层高度的递增，氡气（Rn）浓度递减规律一致。

3）静电作用：外加电场作用使气体电离或尖端放电气体分子俘获电子而成为负离子。所以雷雨过后，空气中负离子浓度高。

4）化学能与生物能作用：植物的光合作用、海洋的藻类所提供的生物能量也可增加空气中的负离子。

（2）人工产生：人们认识了负离子的作用，制造了负离子发生装置（如负离子发生器、产生负离子材料等）来产生负离子。

1）电离产生负离子。目前绝大部分负离子发生装置都是靠电离空气来产生负离子。负离子发生器利用脉冲、振荡电器将低电压升至直流负高压，利用放电极尖端直流高压产生高电晕，高速地放出大量的电子（e^-），而电子并无法长久存在于空气中（存在的电子寿命只有 ns 级），立刻会被空气中的氧分子（O_2）捕捉，并与水分子结合，形成负离子 $O_2^-(H_2O)_n$，它的工作原理与自然现象“打雷闪电”时产生负离子的现象相似。这种办法的缺点是一方面消耗能源；另一方面，高压电离空气分子会产生 O^-、O^{2-}、O_3、NO^-、NO_2 等污染物，有害于人的健康。此外，利用电离产生的负离子易复合，在距离尖端放电负离子发生器约 1m 远处，由于正负离子的复合，负离子浓度恢复为室内一般水平。所以，靠高压电离来产生空气负离子是不可取的。

2）材料产生负离子。有些天然矿石（如电气石、矿泉石等）具有产生负离子的能力，以这些矿石为基础加以改性，可以制得产生负离子的材料，如中国建筑材料科学研究院生产的高效产生负离子粉体、日本化药（株）生产的负离子发生剂 Kayacera 等。冀志江[77]研究了电气石及改性电气石对产生空气负离子的影响，研究发现，以稀土的复合盐或氧化物为电气石的分散介质可以有效地提高电气石产生空气负离子能力。与电离产生负离子相比，利用材料产生负离子具有无能耗、无污染、适用性强等优点，但材料产生的负离子量低于电离产生的负离子量。

2.3.2.1 离子催化材料——电气石

电气石是 1703 年在 Sri lanka 被发掘的，1717 年 Louis Lemery 首次叙述其带电现象。1989 年久保哲治郎等（T. Kubo）[144~150]首次研究电气石粉的电场效应，提出自发电极为永久性电极，由此兴起了电气石在环境、保健领域应用的热潮。

电气石是一种由 Al、Na、Ca、Mg、B 和 Fe 等元素组成的含水和氟等的环状硅酸盐晶体矿物。其成分中含有挥发组分硼和水，所以多与气候有关，多产于伟晶岩及气成热液矿床中。变质岩和变质矿床中亦含有电气石，其相关性能及应用见图 2.1。

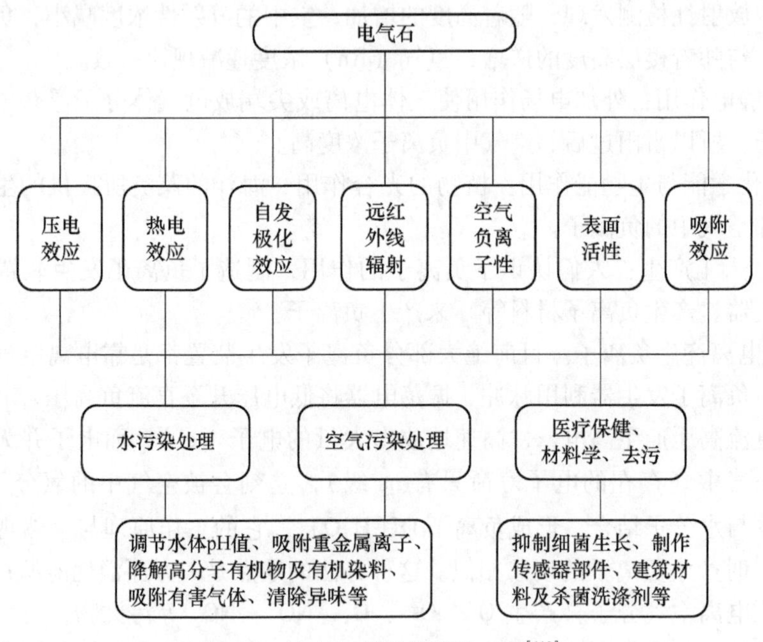

图 2.1 电气石相关性能及应用[110]

电气石矿物的化学成分非常复杂，直到 20 世纪 50 年代对其晶体结构确定以后，才提出比较合理的成分结构式，其化学通式可表示为：$XY_3Z_6[Si_6O_{18}][BO_3]_3(O,OH,F)_4$，其中：X = Ca，K，Na；Y = Fe^{2+}，Mg^{2+}，Al，Li，Fe^{3+}，Mn^{2+}；Z = Al，Cr^{3+}，Fe^{3+}。X、Y、Z 三位置的原子或离子种类不同会影响电气石的颜色，具有极强的多色性，有无色、玫瑰红色、粉红色、红色、蓝色、绿色、黄色、褐色和黑色等，并呈现出不同的物理特性。其中，富含铁的电气石呈黑色、深蓝色，富含锂、锰的电气石呈玫瑰色、淡蓝色，富含镁的电气石常呈褐色和黄色，富含铬的电气石呈身绿色。玻璃光泽，透明至半透明，折光率一般为 1.624~1.644，双折射率 0.018~0.040，色散 0.017，硬度 7~7.5，其密度在 3.02~3.40g/cm^3 之间，一般认为，其密度的大小与 Fe、Mn 等金属的含量有关。电气石矿物含有丰富的不固定内含物，因此内含物不同，电气石的密度也就不同。中国电气石的产地有：云南、新疆、内蒙古、辽宁、广西等自治区，广西黑电气石的其计算分子式为 $(Na_{0.63}Ca_{0.15})_{0.75}(Fe^{3+}_{1.12}Mg^{2+}_{1.07}Fe^{2+}_{0.93}Ti_{0.02})_{3.14}(Al_{5.74}Fe^{3+}_{0.26})_6Si_6(B_{2.31}O_9)(OH_{1.99},F_{0.14})_{2.13}$。电气石的破碎断裂导致表面上大量

离子如 Na^+，Mg^{2+}，Fe^{2+}，Fe^{3+}，B^{3+} 等的裸露，矿物表面与水的作用结果，最终导致矿物表面羟基化，使电气石表面荷负电，吸引正离子，其周围产生负离子。电气石中的金属离子进一步在光、水和氧的协合作用下，产生大量的负离子和氢气，这一过程是长久的，其反应为

$$12H_2O + 6e \xrightleftharpoons{\text{电气石}} 6H_3O_2^- + 3H_2$$

2.3.2.2 电气石促进光催化理论

单纯的电气石粉体的产生负离子能力并不强。研究发现，以稀土的复合盐或氧化物为电气石的分散介质可以有效地提高电气石产生空气负离子能力。所用稀土氧化物为 CeO_2、La_2O_3 等或稀土盐 $Ce_2(NO_3)_3$ 等。电石气与稀土经机械化学复合制成高效产生空气负离子粉体（本文所采用的即是这种粉体）。电气石与稀土的复合之所以能够高效产生空气负离子，其主要原因在于：（1）稀土能够有效地把电气石颗粒分散开使其不出现正负电极的首尾相连；（2）介质材料的电阻率适当；（3）稀土元素中同位素的 β 衰变产生适量的电子，使电气石颗粒电离水分子形成的氢离子能够获得电子，从而加速 OH^- 的产生而形成水合羟基离子 $OH^-(H_2O)_n$。

光催化的载体技术问题是纳米材料应用中的一个关键环节的技术问题。由于纳米 TiO_2 晶体对有机物降解作用会限制其以有机物为载体材料中的应用范围。对纳米 TiO_2 的负载技术研究中，采用插层组装 TiO_2 晶与膨润土的办法引起了科学的重视。这种以矿物为基体改善纳米晶 TiO_2 的光催化性能的研究是光催化材料发展方向之一。冀志江博士[77]认为在理论上电石气表面的电场对 TiO_2 的光催化性能会有促进作用。

纳米 TiO_2 的光催化理论为光激发使价带电子跃迁至导带 $h\nu \rightarrow h^+ + e^-$，导带中被激发的电子有强的还原性，而价带中的空穴则具有强氧化能力。由于表面空间电荷层发生能级弯曲，导致空穴沿着表面层形成电位降向表面移动，空穴具有夺电子作用，具有氧化能力。空穴会捕获水中 OH^- 离子的电子，而使羟基离子形成羟基自由基 ·OH。羟基自由基具有强氧化性可氧化有机物，起到杀菌或净化空气作用。

$$H_2O \longrightarrow OH^- + H^+ \quad \text{（水的离子化）}$$

$$OH^- + h^+ \longrightarrow \cdot OH \quad \text{（空穴氧化成 } OH^- \text{）}$$

$$\cdot OH + \text{有机物} \longrightarrow H_2O + \text{另一种有机物} \quad \text{（氧化有机物）}$$

·OH 的产生受水的离子化程度的影响，促进水的离子化，增加水或空气中 OH^- 浓度，从而增加 ·OH 的浓度，柴油中含有些许水，如果能够增加 ·OH 的浓度将有利于柴油完全燃烧。

A　电气石与纳米TiO_2复合使用促进光催化理论之一

电气石的表面电场会促进水分子团簇减小[152~154]，并促使离子化增加，增加OH^-的浓度。

$$(H_2O)_n \xrightarrow{\text{电气石的电极性与红外线}} nH_2O$$

$$H_2O \xrightarrow{\text{电气石的电极性}} OH^- + H^+$$

所以，电气石与纳米ZnO、TiO_2等的混合使用会促进其光催化效果。

B　利用电气石颗粒的电场提高纳米ZnO、TiO_2等光催化量子效率

纳米ZnO、TiO_2等光催化量子效率低的主要原因是在价带电子吸收光子跃迁到导带的同时，还会有相当部分导带中的电子回迁到价带与电子复合。电气石表面的强电场作用于纳米TiO_2，被光子激发到导带上的电子在电气石电场的作用下被转移到其他介质或电气石颗粒的正极吸附，从而减小“空穴”与“电子”的复合几率，提高量子效率。

3 协合催化材料的制备及其作用机理

协合催化材料是集光催化、离子催化、辐射催化为一体的新型功能材料。协合催化材料不仅解决了光催化反应量子效率低的问题，还具有活化空气、活化油等功能。它由协合催化粉体与含 Th 的稀土废渣等共同制备而成，是用于制备内燃机节能减废用的各种不同形状多孔陶瓷的主要原料。其中，协合催化粉体是由稀土元素掺杂具有光催化功能的纳米 TiO_2 与具有离子催化功能的电气石粉体复合而成的。

本章探讨了协合催化粉体以及协合催化材料的制备方法及过程，并通过 X 射线衍射、扫描电镜等手段对协合催化粉体的物相组成、颗粒形貌、大小、分布等特征进行了分析和表征；利用 STM/STS 研究协合催化粉体的表面电子结构，从分子水平上揭示在无日光的条件下，协合催化粉体有自由基产生。采用电子自旋共振表征了协合催化粉体及协合催化材料的催化性能，对长期低能辐射催化的安全性进行了初步探讨，提出了放射材料的安全使用量及安全距离。

利用成熟的多孔陶瓷制备工艺，将协合催化粉体烧结成多孔陶瓷，现有的多孔陶瓷制造工艺有挤出成型工艺、有机泡沫浸渍工艺、发泡工艺、添加造孔剂工艺和溶胶-凝胶工艺等。常用的挤出成型工艺的核心技术是模具，但是挤出成型工艺难以制造小孔径制品，现生产使用的模具最小孔径为 37μm，模具消耗大，成本高；有机泡沫浸渍工艺不易制成高强度产品；发泡工艺对原料要求较高，工艺条件不易控制；添加造孔剂工艺制成的产品气孔分布性差、气孔率低，易产生闭合孔而不易产生有序的贯穿直孔；溶胶-凝胶工艺不易制成大块产品，以上工艺生产的陶瓷制品不适宜于活化油及节能方面。微米多孔陶瓷板由造孔材料和泥浆分层造孔成型烧结而成，而造孔材料为尼龙或任何一种可燃性纤维网，烧结燃尽后留下平衡整齐的空隙。该多孔陶瓷制备工艺和已有技术相比具有的以下有益效果：(1) 用稀土废渣为主原料，解决了部分稀土废渣的利用问题；(2) 只需要简单的设备，易于操作，工艺简单，制造成本低；(3) 孔径小，气孔率小（即密度大），强度大，单位体积的辐射强度高；(4) 在活化油，改善柴油的理化性质达到车用废气的减少方面有广泛的应用前景。

根据内燃机车的进气及供油系统的特点设计制备用于活化空气的板块多孔陶瓷，以及用于活化燃油的球粒状多孔陶瓷。

3.1　原料

3.1.1　主要原料的选择

3.1.1.1　纳米 TiO_2 和稀土元素铈

在纳米材料和稀土复合方面，用浸渍法对粉末进行稀土处理，制得稀土/纳米 TiO_2 光催化功能材料[155~157]。利用扫描隧道显微镜/扫描隧道谱技术研究稀土/TiO_2 纳米光催化材料的表面电子结构。结果表明：在纳米 TiO_2 中加入铈元素制备的 Ce/TiO_2 纳米粉末材料，其表面禁带内-0.8eV 及+0.5eV 附近可出现新能级，稀土能促进羟基自由基产生、提高光催化活性，可实现可见光条件下光催化净化空气。

3.1.1.2　电气石

由于电气石粉体颗粒大小为微米级别（约 3.4μm（4000 目）），稀土掺杂纳米 TiO_2 比较均匀地附着在电气石颗粒表面，可以避免纳米材料常遇到的由于团聚而影响其性能的问题。

在电气石和纳米材料复合方面，已经公开了一种功能性填料及其制备方法[158]，该功能性填料由 5.5μm（2500 目）的电气石材料和纳米氧化钛、纳米氧化锆、纳米氧化锡、纳米氧化硅等纳米材料中的一种或多种和稀土复合盐或稀土复合氧化物通过化学复合法制备而成，该功能性填料加入各种室内装饰材料（天花板、壁纸、壁布、内墙涂料等）后，可使被加入材料具备负离子发射功能、2~18μm 远红外线发射功能、光催化降解有毒、有害气体或其他有毒、有害有机物以及细菌、病毒等。

在电气石和稀土复合方面，纺织品中应用的负离子整理剂主要为电气石和加稀土元素的天然超微多孔质矿石[159~162]。分析了负离子含量与人体健康状况的关系，介绍了生产负离子纺织品的 3 种方法，并采用 3 种不同品牌负离子整理剂进行试验，测试了被整理织物产生负离子的浓度、防止花粉附着性能、远红外蓄热效果、抗紫外线和抗静电性能。结果表明：负离子整理织物除了具有产生负离子的功能外，还具有防止花粉附着、远红外蓄热、抗紫外线、抗静电等功效。

3.1.1.3　含钍（Th）的稀土废渣

由于我国稀土矿品种多，成分复杂且带有不少的有害物质，在矿产生产中产生大量的有害“三废”，其中废渣量最大，类型多，成分复杂，带有放射性元素钍、铀和镭，稀土废渣的安全处置已成为日益严重的社会问题，而在石油工业中 ThO_2 被用作催化剂，因此钍（Th）在原料中起辐射催化的作用。

3.1.2 功能添加剂的选择

在分子的能级中，转动能级间的能量差最小，一般小于 0.05eV；振动能级间的能量差一般在 0.05～1.00eV 之间；电子能级间的能量差最大，一般在 1～20eV 之间。

可见光和紫外光的能量大于 1eV，而红外光的能量小于或等于 1eV。

当红外光作用于分子时，只能引起分子转动能级与振动能级的改变，从而发生光的吸收，产生红外吸收光谱。红外光能引起温度的变化。

因此用红外辐射材料制造节能器能够提高红外效果，向协合催化材料中添加 MnO_2 粉体，使制备出的微孔球粒陶瓷呈黑褐色，提高试验用材料对远红外波段光的吸收能力，提高催化的效果，从而提高燃油燃烧效果。

3.2 协合催化粉体的制备

先制备出稀土掺杂纳米 TiO_2 溶胶，再与电气石粉体复合，经过凝胶化、干燥、煅烧等过程制备协合催化粉体。

3.2.1 制备稀土掺杂纳米 TiO_2 溶胶

制备纳米 TiO_2 有多种物理或化学的方法供选择，较常用的有水解法、溶胶-凝胶法、机械粉碎法、沉淀法、水热法、气相反应法、微乳液法等。协合催化粉体中稀土掺杂纳米 TiO_2 是采用溶胶-凝胶法制备的。与其他的制备方法相比，溶胶-凝胶法具有如下特点：

（1）可制备高纯度高均质的化合物：溶胶-凝胶法使用液体作为混合的原料，由于在低黏度的液体中混合，能够在短时间内达到分子级的均一性，可以合成出比矿物纯度更高的化合物。

（2）可在低温条件下合成材料：由于反应物在溶液中混合得十分均匀，当凝胶产生时，化合物在分子水平上得到很好的混合。所以在加热时，化学反应更容易进行并且所需温度较低。

（3）可以调控凝胶的微观结构：影响溶胶-凝胶材料结构的因素很多，包括前驱体、溶剂、反应条件、后处理方法等，通过对这些因素的调节，可以得到一定微观结构和性质都不同的凝胶。

（4）工艺简单，操作方便。

溶胶-凝胶法的基本原理可以用以下三个阶段来表述：

（1）单体（即前驱体，通常由金属醇盐、金属无机化合物或上述两者的混合物构成）经水解、缩合生成溶胶粒子。

（2）溶胶粒子聚集生长。

（3）长大的粒子相互连接成链，进而在整个液体介质中扩展成三维网络结构，形成凝胶。

有4个主要参数对溶胶-凝胶过程有重要影响，即溶液的pH值、溶液浓度、反应温度和反应时间。适当地控制这几个参数，可制备出纳米级别的超细粉体。以钛酸四丁酯为前驱体加入稀土溶液得到稀土掺杂纳米TiO_2溶胶。

3.2.2　协合催化粉体的制备

在稀土掺杂纳米TiO_2溶胶中加入电气石粉体，搅拌均匀，静置得到凝胶，再经过干燥、煅烧等过程得到协合催化粉体。

3.2.2.1　实验用试剂原料和仪器

所用主要试剂和原料：

（1）钛酸四丁酯（化学纯），北京89942部队试剂厂生产。

（2）无水乙醇（分析纯），北京化工厂生产。

（3）盐酸（分析纯），北京化工厂生产。

（4）硝酸铈：$Ce(NO_3)_3 \cdot 6H_2O$，分子量为434.2，分析纯，华北地区特种化学试剂开发中心（天津）生产。

（5）纳米二氧化钛：TiO_2，分子量79.9，纯度99.9%江苏河海集团纳米材料厂生产。

（6）电气石粉体，中国建筑材料科学研究院生产。

（7）去离子水，中国建筑材料科学研究院生产。

所用主要仪器：

（1）四联磁力搅拌器，北京北德科学器材有限公司生产。

（2）箱式高温电炉，北京电炉厂生产。

（3）干燥箱，上海市实验仪器总厂生产。

（4）烧杯、滴管、坩埚等。

3.2.2.2　实验配方

参阅相关的文献［163~165］，实验配方中使用的试剂比例为：25mL钛酸四丁酯，200mL乙醇，3mL去离子水，相应量的稀土，15g电气石粉体。

颜学武博士研究了不同铈掺杂量（Ce/Ti摩尔比为0.5%、0.8%、1.0%）相比较，Ce/Ti摩尔比为0.8%时材料光催化效果最佳[66]，因此我们用稀土元素铈掺杂纳米TiO_2制备了协合催化粉体，选取铈掺杂量Ce/Ti摩尔比为0.8%。

3.2.2.3　实验步骤

协合催化粉体制备的具体步骤如下：

（1）以钛酸四丁酯作为前驱体，无水乙醇作为溶剂，将两者充分搅拌，得透明溶液。

（2）将待掺杂的稀土溶于少量乙醇。

（3）将所得溶液混合，同时加入去离子水，在室温下不停地搅拌。

（4）加入盐酸，调节 pH 值为 3~5。

（5）得到澄清透明的溶胶。

（6）在溶胶中加入电气石粉体，不断搅拌直至混合均匀。

（7）静置，得到湿凝胶。

（8）干燥后得到干凝胶。

（9）煅烧，研磨，得到协合催化粉体。

其制备流程图如图 3.1 所示。

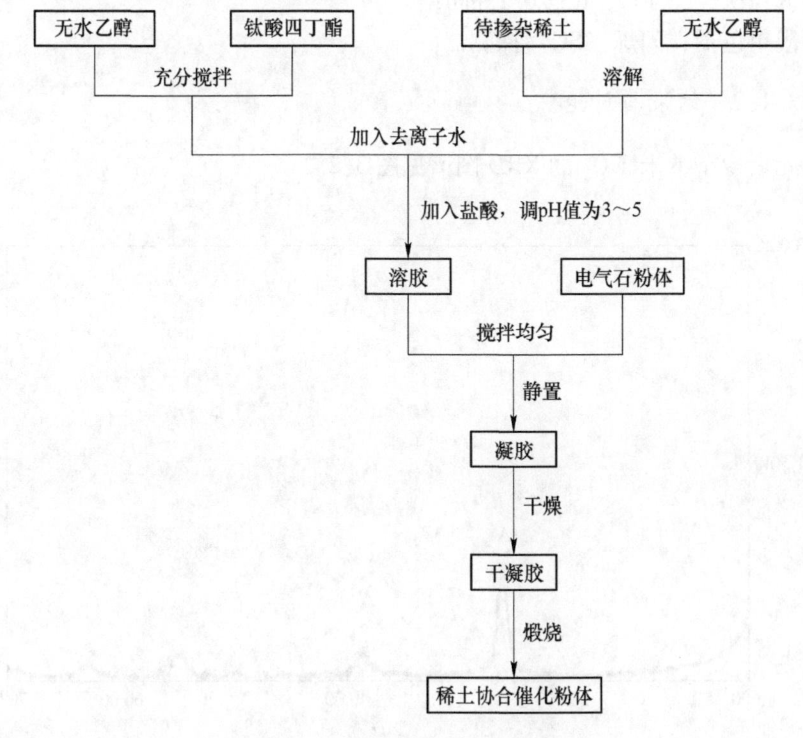

图 3.1 协合催化粉体制备流程图

3.3 协合催化粉体的表征

3.3.1 X 射线衍射分析

任何一种结晶物质（包括单质元素、固溶体和化合物）都具有特定的晶体结构。在一定波长的 X 射线照射下，每种晶体物质都有自己特有的衍射花样（衍射线的位置和强度）。两种以上多相物质的衍射花样是各个单独物相衍射结果的简单叠加，彼此不相干扰，因此可以从混合物的衍射花样中将各相一一鉴定出来。鉴别待测试样由哪些物相组成用 X 射线衍射（X-ray diffraction，XRD）分析法是最有效、最准确的方法。

3.3.1.1　实验

实验用品：铈元素掺杂纳米 TiO_2；协合催化粉体；

X 射线衍射实验所用仪器型号为：D/Max-RC，日本理学制造；

实验参数为：Cu$K\alpha$1：1.5406；kV-mA：40~70；

连续扫描，扫描速度：4°/min；

狭缝：DS=SS=1°，RS=0.15mm；

石墨单色器；闪烁（SC）探测器。

3.3.1.2　结果与讨论

铈元素掺杂纳米 TiO_2 的 XRD 图谱见图 3.2。

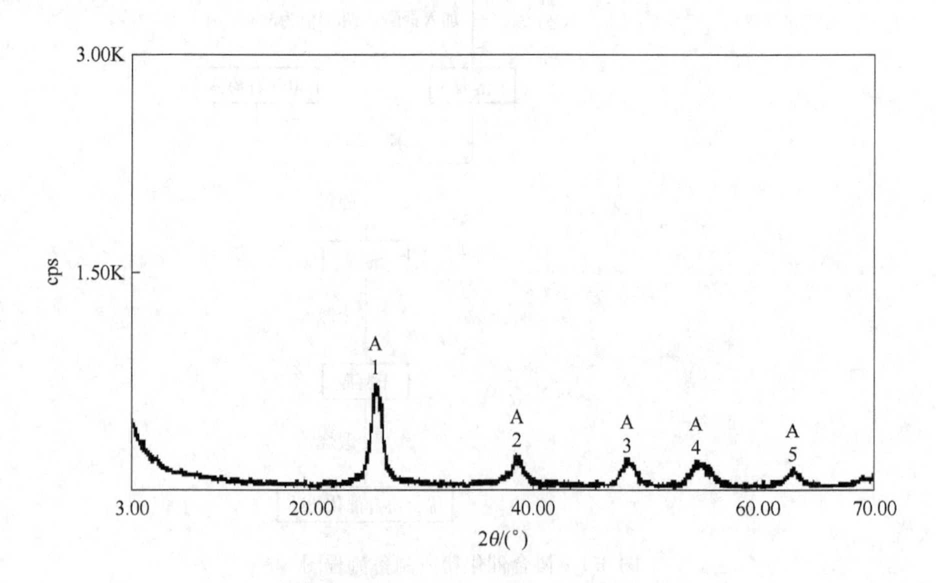

图 3.2　铈掺杂纳米 TiO_2 的 XRD 图谱

从图 3.2 分析可知，材料的物相组成主要是 A（锐钛矿型 TiO_2）。与锐钛矿型 TiO_2 标准图谱相比，A（锐钛矿型 TiO_2）的衍射峰明显变宽，这有可能是由于铈掺杂而引起二氧化钛的晶格畸变，抑制了二氧化钛晶粒的生长，使二氧化钛晶粒很小，而小晶粒使衍射峰宽化；或者是由于铈掺杂影响了二氧化钛由无定形态向结晶态的转变而导致。

协合催化粉体的 XRD 图谱见图 3.3。

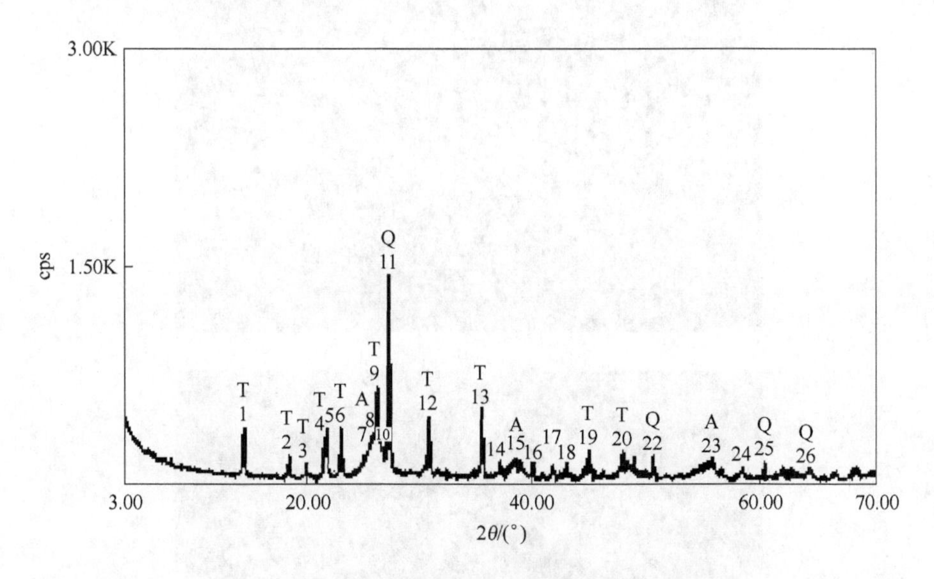

图 3.3　协合催化粉体的 XRD 图谱

对图 3.3 进行分析可知，材料的物相组成是：T（电气石），Q（二氧化硅）和 A（锐钛矿型 TiO_2）。与锐钛矿型 TiO_2 标准图谱相比，A（锐钛矿型 TiO_2）的衍射峰明显宽化。XRD 分析中发现二氧化硅物相，可能是由于电气石中二氧化硅的含量较高而导致。

3.3.2　扫描电子显微镜分析

扫描电子显微镜（scanning electron microscope，SEM）的工作原理是电子束在样品表面扫描，使表面原子电离产生二次电子，并在阴极显像管上成像；其特点是图像衬度来源于表面形貌与原子序数的差异，图像的立体感强。

3.3.2.1　实验

实验样品：铈掺杂纳米 TiO_2 与电气石粉体复合制备的协合催化粉体。

实验所用仪器为 Philips XL30-TMP，抽真空，观察材料颗粒形貌和颗粒微观分布情况，扫描加速电压为 25.0kV。

3.3.2.2　结果与讨论

图 3.4（a）~（c）所示为铈掺杂纳米 TiO_2 与电气石粉体复合而成的协合催化

图 3.4　协合催化粉体的扫描电镜照片

（a）放大 1000 倍；（b）放大 5000 倍；（c）放大 10000 倍

粉体的扫描电镜照片。

由图3.4可见，电气石颗粒分散较好，没有出现正负电极首尾相连的现象；纳米 TiO_2 颗粒比较均匀地复合在电气石颗粒表面，有个别的大颗粒存在。

稀土氧化物或稀土盐能够有效地把电气石颗粒分散开使其不出现正负电极的首尾相连，这有利于提高其产生空气负离子的能力。

纳米 TiO_2 颗粒复合在电气石颗粒表面，电气石提供的表面电场也有利于 TiO_2 光催化产生的电子-空穴对分离，提高量子效率，从而提高光催化的活性；同时，纳米 TiO_2 颗粒比较均匀地附着在电气石颗粒表面，可以有效避免纳米材料常见的团聚问题。

这样的颗粒结构有助于提高材料的光催化及产生负离子的功能。

3.3.3 电子自旋共振实验

光活化的分子与热活化分子的电子分布及构型有很大不同，光激发态的分子实际上是基态分子的电子异构体。被光激发的分子具有较高的能量，可以得到内能较高的一些产物，如自由基、双自由基等。在光化学反应中，激发态、中间物和产物之间很少能实现瞬时检测。这是因为其中有些过程能量变化较大，而且不少单一步骤的速率常数很大。电子自旋共振波谱法（electron spin resonance，ESR）是检测诸如催化、光化、辐照、生化等物理化学过程中产生自由基的唯一直接的方法。不仅能检出低浓度、短寿命的自由基，而且能清楚地区分不同的自由基，同时还能追踪过程始终。ESR具有很高的灵敏度，一般不需要对样品进行复杂的处理，可拿来直接测定。检测后样品不受破坏，对样品自身反应无干扰，对同一样品可以反复测量。·OH自由基在其电子壳层的外层有一个不成对电子，显示出顺磁性，因而可用ESR来检测。但·OH自由基由于具有强的氧化性，存在寿命极短，即使浓度足够大，ESR也难于直接捕捉。自旋捕集技术使这一问题得到一定程度的解决。自旋捕集技术，就是将一不饱和的抗磁性化合物（自旋捕集剂）加入反应体系，反应中产生的短寿命自由基与捕集剂结合产生另一种较稳定的自由基即自旋加合物，借助于这种二次产生的稳定自由基的ESR波谱来间接检测和辨认原来的短寿命自由基。自旋捕集剂一般都是含有亚硝基或氮酮（nitrone）类不饱和化合物，·OH自由基最常用的捕集剂是DMPO。DMPO是一种五圆环氮酮化合物，具有较大的捕集速率常数，易溶于多种溶剂，水溶液可达0.1mol/L的浓度，对光不太敏感，它与·OH自由基形成稳定的自旋加合物DMPO-OH（半寿期可达2.6h），而且具有特征的ESR波谱（见图3.5）。

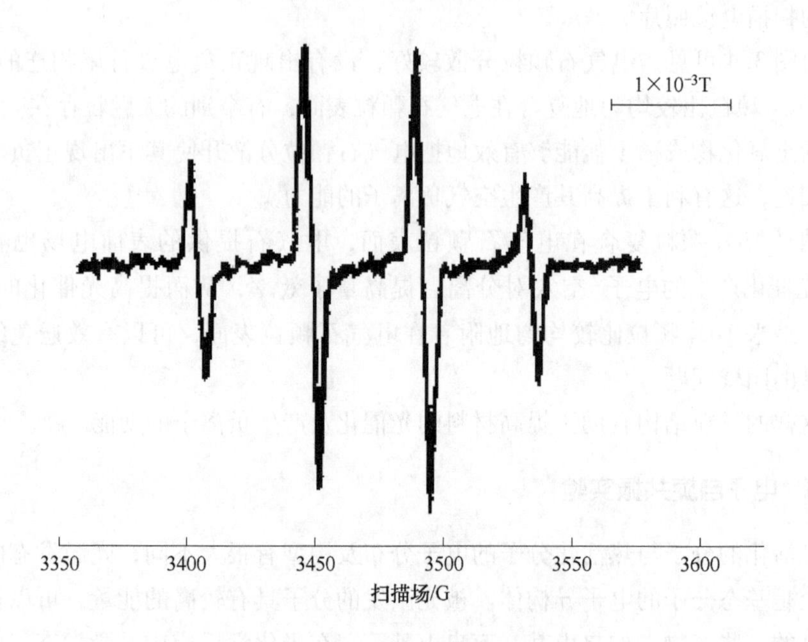

图 3.5 DMPO-OH 的 ESR 波谱

3.3.3.1 实验

实验用品：协合催化粉体，纳米 TiO_2，锐钛矿型，浙江舟山产，DMPO 捕获剂，去离子水。

实验设备：瑞士产 BRUKER ESP 300E 型 ESR 波谱仪。

ESR 波谱仪使用的参数为：扫描场 3385～3585G，微波功率 20mW，微波频率 9.8GHz，增益 1.00e+005，调制幅度 2.019G，扫描时间 400s。

实验方法：将材料装入石英毛细管中，加入 DMPO 稀释溶液，使测试部位被 DMPO 稀溶液洇湿，然后用紫外线照射毛细管测试其 ESR 波谱。

3.3.3.2 结果与讨论

分别在紫外线、可见光、无日光照条件下，比较协合催化粉体与纳米 TiO_2 产生 · OH 自由基的能力，其 ESR 波谱见图 3.6。

从图 3.6 可以看出，协合催化粉体在紫外光照条件下具有很强的产生 · OH 自由基能力，在可见光、无日光照条件下也都明显的能产生 · OH 自由基；而纳米二氧化钛仅在紫外光照条件下具有较强的产生 · OH 自由基能力，而在可见光、无日光照条件下基本没有产生 · OH 自由基的能力。

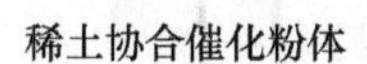
稀土协合催化粉体

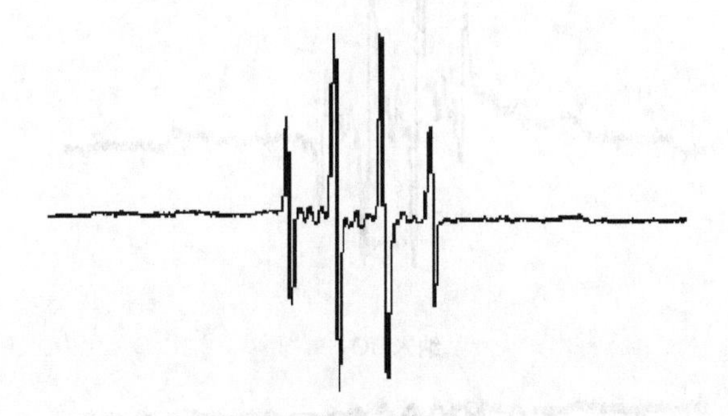

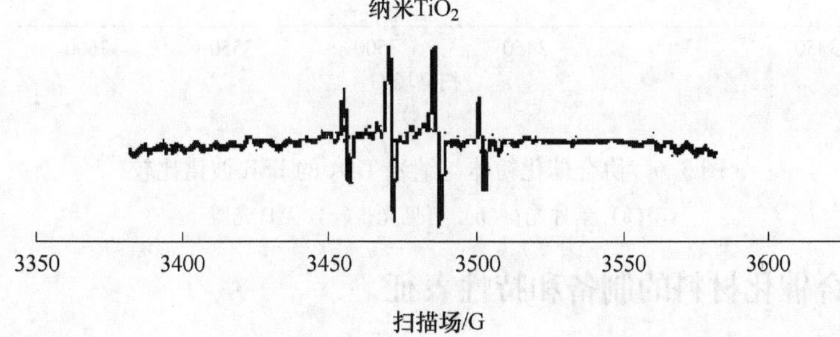
纳米TiO_2
3350
3400
3450
3500
3550
3600
扫描场/G

(a)

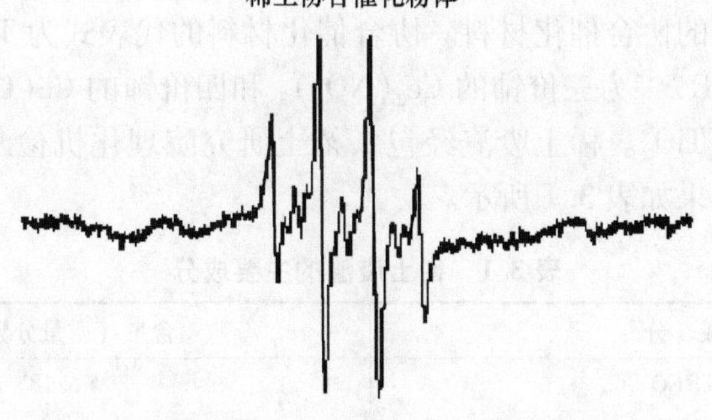
稀土协合催化粉体

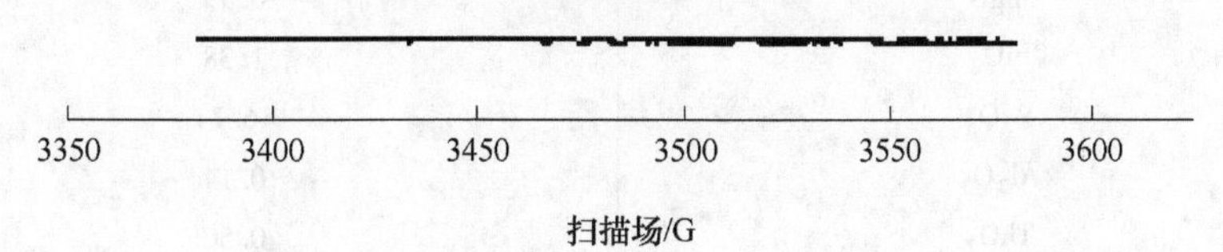
纳米TiO_2
3350
3400
3450
3500
3550
3600
扫描场/G

(b)

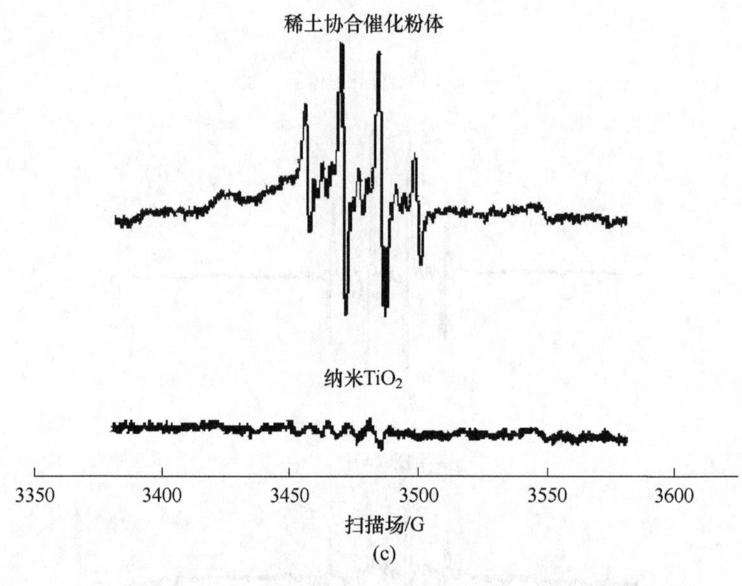

图 3.6　协合催化粉体与纳米 TiO_2 的 ESR 波谱比较

(a) 紫外光；(b) 可见光；(c) 无日光照

3.4　协合催化材料的制备和特性表征

3.4.1　协合催化材料的制备

用协合催化粉体与稀土废渣（稀土废渣中 ThO_2 含量为 0.5%）复合，制备具有协合催化功能的协合催化材料。协合催化材料的代表式为 Th-$RE^{3+,4+}$/M · B。其中，变价稀土 $RE^{3+,4+}$ 为三价铈的 $Ce_2(NO_3)_3$ 和四价铈的 $Ce(OH)_4$ 组成，M 为蒙脱石，B 为纳米 TiO_2。稀土废渣经包头稀土研究院理化机检测中心检测分析，其主要组分检验结果如表 3.1 所示。

表 3.1　稀土废渣的主要成分

成　分	含量（质量分数）/%
TREO	6.18
CaO	14.14
MgO	0.99
SiO_2	1.38
P_2O_5	16.74
Al_2O_3	0.14
ThO_2	0.50
TFe	7.56
其他的矿物质	52.37

3.4.1.1 实验用试剂原料和仪器

所用主要原料和试剂：

（1）协合催化粉体；

（2）稀土废渣（稀土废渣中 ThO_2 含量为 0.5%）；

（3）黏结剂；

（4）桐油；

（5）纤维网。

所用主要实验设备：

（1）磁力搅拌器，北京北德科学器材有限公司生产；

（2）微波炉，青岛海尔电器有限公司生产；

（3）电子天平，上海精密科学仪器有限公司；

（4）烧杯、滴管。

3.4.1.2 实验配方

按重量百分比称重：可选稀土废渣 20%~80%，协合催化粉体为 70%~10%，堇青石为 0~30%，高岭土为 1%~2%，将其混合后再加入混料总重约 5%的黏结剂、约 3%的桐油和 55%的水搅拌成泥浆。

3.4.1.3 具体步骤

协合催化多孔陶瓷板的制备具体步骤如下[166]：

（1）制备造孔材料：选用纤维网，网格为 2mm×2mm，纤维直径为 200μm，切成 40mm×60mm 的纤维网共 17 片，在纤维网上涂一层石英砂与 20%的碳粉和含水 70%的聚乙烯醇溶液混合物。

（2）将稀土废渣、协合催化粉体等按比例称量、混合。

（3）加入黏结剂、桐油、水，搅拌成泥浆。

（4）分层压膜成型：首先将泥浆轧压在 40mm×60mm 的模具里，加压成 3mm 的厚度，然后在其上面压入 40mm×60mm 的纤维网，同样的方法在其网上再加入一定量的泥浆再次加压成 3mm 的厚度。用这种方式多次层压，最后形成含有多层造孔纤维网的陶瓷板块坯体，坯体的四周用 6mm 左右的泥浆加固。

（5）干燥：在微波炉中干燥 10min。

（6）用切割机把坯体纵向切割成 20mm 左右厚的小板，经表面修整后，在其通气孔两个表面粉刷一层煅烧氧化镁 MgO 与 20%碳粉和含水 70%的聚乙烯醇溶液混合物。

（7）排塑与烧结：在常温到 600℃之间，升温速度为 30~40℃/h；当温度大于600℃时，升温速度为50~100℃/h，在1200℃时保温1~2h。

（8）刷洗、检验：贯穿直孔均匀、气孔率为8%、抗压强度为15MPa、密度为2.1g/cm^3、产生负离子浓度为9900个/cm^3。

3.4.2　协合催化材料的特性表征

3.4.2.1　低能放射催化材料的安全性

我国稀土资源分布广，存储量大，种类繁多，矿种较全，综合利用价值高，因此合理充分开发利用我国的稀土资源是我国广大科技工作者的重要课题和责任。但是随着稀土产业的发展，稀土提炼及其深加工过程中产生的废渣带来的环境问题也逐渐引起了人们的关注。因此，在合理利用稀土资源的同时，有效回收利用稀土废渣也是摆在我们面前的一个重要任务。

放射性同位素（radiosotlope）是不稳定的，它会“变”。放射性同位素的原子核很不稳定，会不间断地、自发地放射出射线，直至变成另一种稳定同位素，这就是所谓“核衰变”。放射性同位素在进行核衰变的时候，可放射出α射线、β射线、γ射线和电子俘获等，但是放射性同位素在进行核衰变的时候并不一定能同时放射出这几种射线。核衰变的速度不受温度、压力、电磁场等外界条件的影响，也不受元素所处状态的影响，只和时间有关。放射性同位素衰变的快慢，通常用“半衰期”来表示。^{232}Th属于长寿命放射性元素，半衰期为10^{10}年。稀土钍在自然界中主要存在于独居石中。从独居石提取稀土元素时，可分离出$Th(OH)_4$，这是钍的主要来源之一。经分离后，还可用TBP萃取进一步提纯。金属钍还可用于制合金。由于钍有良好的发射性能，故用于放电管和光电管中。

钍的特征氧化态为+4、+3，在水溶液中Th^{4+}(aq)能稳定存在，Th^{4+}离子较其他离子难水解，钍的重要化合物二氧化钍：ThO_2为白色粉末，不溶于水，仅溶于硝酸和氢氟酸的混合酸中，呈化学惰性。通常灼烧氢氧化钍，硝酸钍制得二氧化钍。含有1%CeO_2的二氧化钍受热时强烈发光，可用于制造汽灯纱罩。在石油工业中ThO_2被用作催化剂。

由于Th是放射性元素，对于无防护条件下低能放射材料作为催化剂时，首先考虑安全问题。据卫生部对中国广东阳江高本底辐射的调查[167~173]，该地区花岗岩中Th含量高，高本底辐射区的放射性浓度为352Bg/kg，对照地区为34Bg/kg。该地区100万人/年（1970~1986年调查资料）的癌症病人死亡调查结果表明：高辐射区儿童生长发育好于对照区，身高体重明显优于对照区；中国高本底区和对照区癌症发病率比其他地区低，部分省市恶性肿瘤死亡率为：广东阳江高本区44.9×10^{-5}；广东省平均为47.1×10^{-5}；江苏省平均为101.6×10^{-5}；上海市为98.9×10^{-5}；由此说明长期低辐射作用下的效应需要重新认识。1982年美国T. D. Luckey教授主张低能放射有益于生物健康，并称其为激活素[174~176]；他认为比自然辐射、地辐射高 100~1000 倍的射线有益于健康。奥地利金矿地下疗养院的放射量约为一般环境的 3000 倍。健康效果的放射剂量：参考日本、中国和巴西的年放射剂量分别为：1.0mSv、2.0mSv 和 10mSv，其 1000 倍即为 1~10Gy 或 1~10Sv。

A 材料重量与辐射强度的关系

通过反复实验分析得到材料重量与辐射强度的关系为：

$$I = I_0 G^m \tag{3.1}$$

式中，I_0 为 1g 材料在单位时间通过单位截面的辐射能；G 为协合催化材料重量；m 为重量影响系数。当协合催化材料重量为 0.5~5000g，$m = 0.25$。

B 辐射强度与穿过距离的关系

穿过空气中的距离为 0~100cm，用 0.5~5000g 重量不等的协合催化材料在空气中检测其辐射强度的变化，见图 3.7，经过回归分析得到的任意点的辐射强度与穿过距离的关系为：

$$I/I_0 = e^{-\mu\chi} \tag{3.2}$$

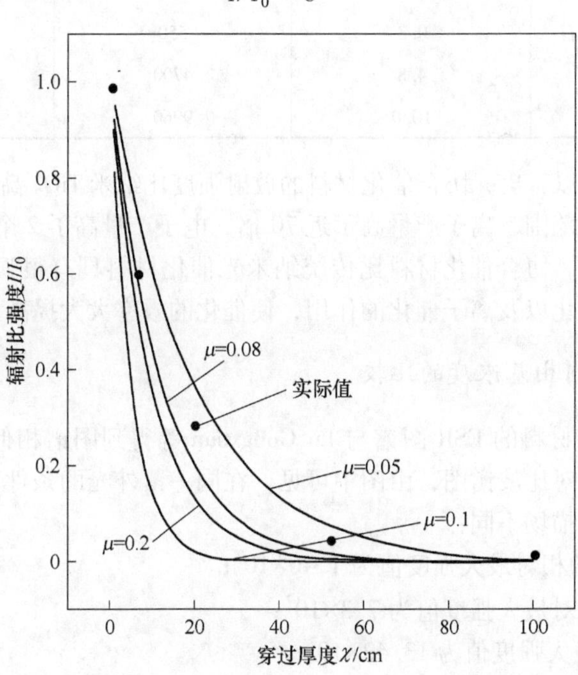

图 3.7 辐射比强度 I/I_0 与穿过厚度 χ、吸收系数 μ 的关系（$I/I_0 = e^{-\mu\chi}$）

实验分析得到该协合催化材料在空气中吸收系数为 $\mu = 0.05 \sim 0.1$，$BaSO_4$ 的吸收系数为 $\mu = 0.2$。图 3.7 中可以看出，离试样距离为 5cm、50cm 时，辐射强度分别减少到 0.67 倍和 0.02 倍。大于 100cm 时辐射强度接近为零。如使用辐射性较高的辐射性材料时，所用材料重量、空气和防护介质的厚度，用式（3.1）、式（3.2）确定放射材料的安全使用量及安全距离。

3.4.2.2　材料的放射强度和离子产量

放射性辐射强度用美国产 Radiation Scanner 800 型仪器测试，离子浓度用 Alphalab（Inc. s）Air Ion Counter 和日本 ECOHOLISTIC 产 EB-12A。分别对 Nano-TiO_2、Nano-ZnO、电气石、稀土废渣以及协合催化材料进行放射强度和离子产量的测定，由于至今尚没有统一的测定离子浓度的测试仪和测试方法标准，测得数据只供对比使用，测试结果列于表 3.2。

表 3.2　几种材料特性测试结果

材料名称	放射强度 /(10μGy/h)	离子产量 /(个/cm^3)	电子产量计算值 /(个/g)
Nano-TiO_2	0.1		4×10^3
Nano-ZnO	0.12	200	5×10^3
（Fe^{2+}/Fe^{3+}）电气石	0.3	550	1.2×10^4
Th-RE 废渣	4.8	4700	2.2×10^5
协合催化材料	10.0	9960	4.4×10^5

由表 3.2 可以看出，协合催化材料的放射强度比纳米 TiO_2 高 100 倍，而且没有超出安全使用范围，离子产量高了近 70 倍，电子产量高了 2 个数量级。

故可以知道，协合催化材料比传统纳米光催化材料具有很强的光催化作用，同时兼备辐射催化以及离子催化的作用，使催化的效率大大提高。

3.4.2.3　自由基浓度的比较

含金属离子材料的 ESR 图谱与 Lu Gongxuan 等得到图谱相似[177,178]，图 3.8 表示几种材料的对比波谱图，由图中可见，在同一紫外光的条件下，材料不同出现强烈信号的扫描场不同：

纳米 TiO_2 的相对最大强度值为 1.46×10^7；

电气石的相对最大强度值为 7.3×10^7；

纳米 ZnO 最大强度值为 13.42×10^7；

协合催化材料的相对最大强度值为 33.58×10^7；

比纳米 TiO_2 最大强度值高 23 倍，比电气石的相对最大强度值高 5 倍，比纳米 ZnO 最大强度值高 2 倍。

故可以知道，同时具有光催化、离子催化和辐射催化的协合催化材料较传统的光催化和离子催化材料产生的自由基能力强，使催化的效率大大提高。

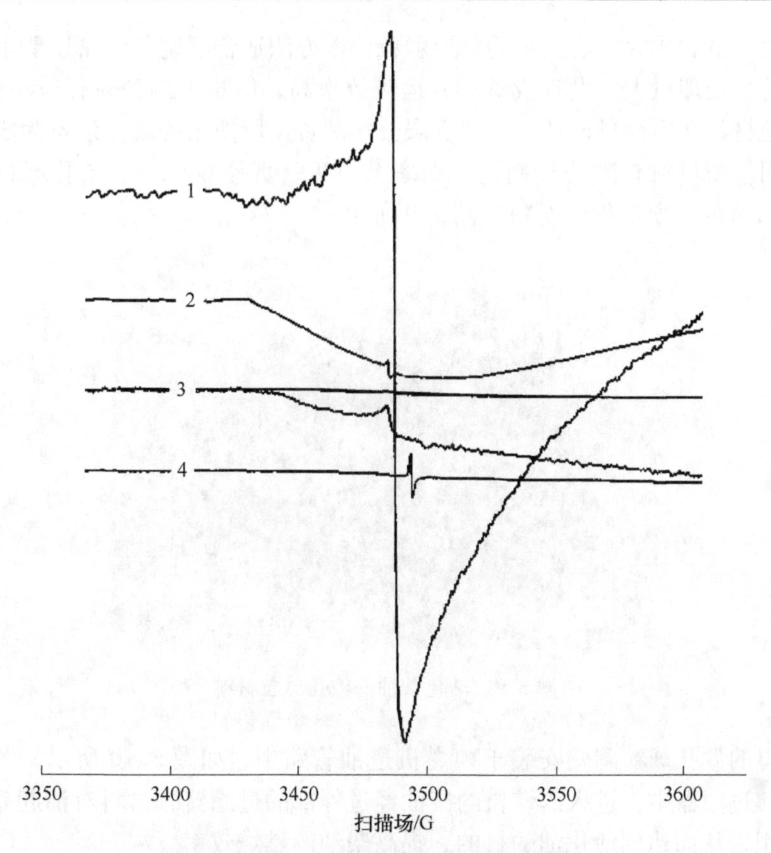

图 3.8 几种材料的 ESR 波谱图及其对比

1—协合催化材料；2—电气石；3—TiO_2；4—ZnO

3.5 协合催化陶瓷的制备

为了进行内燃机节能减排实验，需要根据内燃机车的供油及进气系统的特点设计制备用于燃油催化活化的微孔球粒状陶瓷，以及用于催化活化空气的协合板块材料。因此协合催化材料包括活化柴油的微孔球粒材料和活化空气的协合板块材料。协合催化陶瓷以协合粉体为主要原料，根据成型工艺不同添加堇青石、Al_2O_3、黏结剂等辅助材料制得，由于实验条件限制和需求量的要求，内燃机节能减废试验所需的协合催化陶瓷均委托企业单位具体负责加工。

3.5.1 微孔球粒状陶瓷的制备

根据原始颗粒团聚方式的不同，目前工业界普遍采用的集合造粒技术大致可分为压缩造粒、挤出造粒、滚动造粒、喷雾造粒和流化造粒等五种。

滚动造粒通过粉料微粒在液桥和毛细管力的作用下团聚在一起形成微核，团聚的微核在容器低速转动所产生的摩擦和滚动冲击作用下不断地在粉料层中回转、长大。最后成为一定大小的球形颗粒，该方法适合于制备致密度要求不高的球形颗粒，处理量大，设备投资小，运转效率高，但难以制备粒径较小的颗粒。微孔球粒材料在山西科德技术陶瓷有限公司制备，所使用的成球设备为成球机由淄博启明星新材料有限公司制造，功率 1.5kW，直径 600mm。微孔球粒直径范围：15~25mm。所制得的材料如图 3.9 所示。

图 3.9　活化柴油的微孔球粒材料

制得的微孔球粒陶瓷安装于内燃机进油管路中，如图 3.10 所示，紧密堆积在圆柱体过滤器中，进入内燃机的柴油经过外部的过滤器时材料对油起到辐射催化的作用，从而达到活化油的目的，提高柴油的燃烧效率。

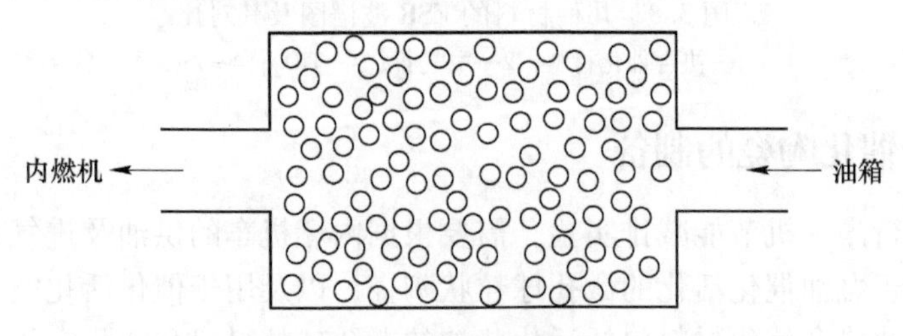

图 3.10　活化油过滤器示意图

3.5.2　活化空气的协合催化材料的制备

活化空气的协合催化材料采用挤压成型的成型工艺，试验技术路线如图 3.11 所示。

活化空气协合板块材料是在北京创导奥福精细陶瓷有限公司制备而成的，材料的主要几何特性：规格：30mm×90mm×50mm；孔型：正方形；孔数：50×30；孔径：2.3mm；壁厚：0.7mm；比表面积：1005m^2/m^3；开孔率：57%，见图 3.12。

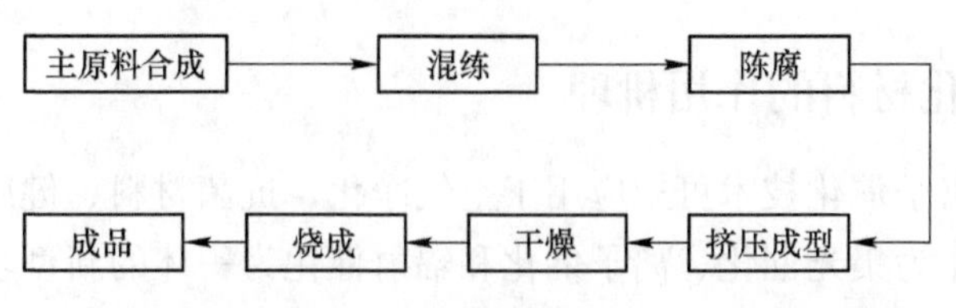

图 3.11 活化空气的协合材料工艺流程

图 3.12 活化空气协合板块材料

该活化空气的协合催化材料主要用于内燃机车的进气通道窗的安装，通过通风窗的两片金属丝过滤网把多孔陶瓷材料夹在中间，形成过滤和活化空气的装置，金属丝网有多层，可以防止颗粒杂质等异物进入进气通道影响发动机寿命。参见图 3.13。通过装置的作用，对空气进行催化活化，使之产生空气负离子，有利于燃烧效率的提高，同时降低排放气体中 CO、NO、NO_2 等废气含量。

图 3.13 内燃机车用活化空气装置

3.6　协合催化材料的作用机理

光催化和离子催化技术可望应用于空气净化、抗菌材料、健康材料及节能材料等方面，而作为集光催化、离子催化和辐射催化为一体的新型功能协合催化材料，有着广阔的应用发展空间，因此，对协合催化材料的作用机理有必要进行深入探讨。

3.6.1　TiO_2 光催化反应

催化反应和光化学反应可用下面反应式简单描述

$$A \xrightarrow{K} B \tag{3.3}$$

$$A \xrightarrow{h\nu} B \tag{3.4}$$

$$\Delta F = -RT\ln\frac{[B]_e}{[A]_e} = -RT\ln K_e \tag{3.5}$$

光催化反应是光化学与热催化反应的融合，即只有在光和催化剂同时作用下才能进行的反应。在这种反应中使用的催化剂 K，同样也要满足对催化剂定义的要求，即不能出现在计量反应之中，光催化反应式为：

$$A \xrightarrow{h\nu,\ K} B \tag{3.6}$$

光催化反应示意图如图 3.14 所示。

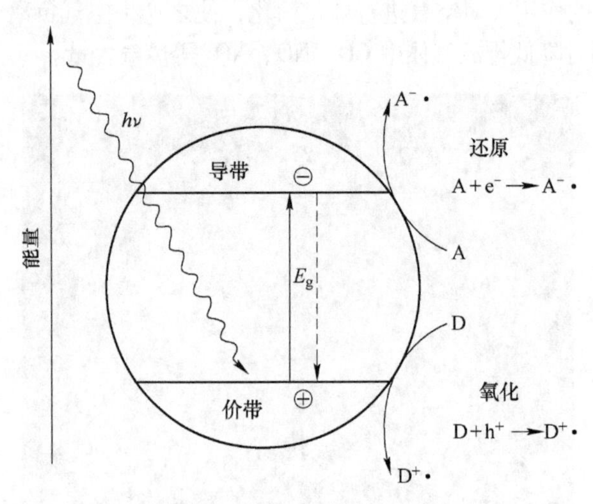

图 3.14　光催化反应示意图

式（3.3）~式（3.6）中A为反应物；B为生成物；K为催化剂。

光催化氧化还原发应由两个半反应组成：氧化反应和还原反应，反应速率由速率较慢的半反应所决定，从图3.15可以看出，氧化物的电子还原反应（ms）大大慢于还原物的空穴氧化反应（100ns）。光催化反应总的界面载流子传输效率受两个过程决定：载流子的捕获和复合（ps~ns）以及随后进行的捕获界面载流子的复合和界面传输（μs~ms）。对于稳态光催化反应，延长载流子的复合时间或提高载流子的界面传输速度均可有效提高反应的量子效率[179]。

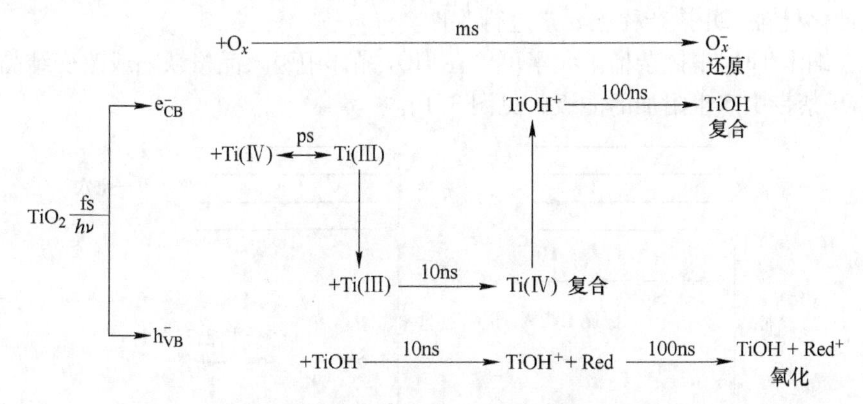

图3.15 TiO_2 光催化基元反应步骤特征时间

目前应用最多的锐钛矿型 TiO_2 的禁带宽度 $E_g=3.2eV$，决定了其光催化反应只能吸收利用太阳光中紫外线波长小于387nm的部分，而这一部分只占太阳光的很小一部分（约4%~6%），而到达地表的太阳光大部分为可见光，波长500~600nm的光强度最大。如何使光催化剂的吸收光谱移至可见光区，提高太阳光（可见光）的利用率，是当前国际光催化领域的一个主攻难题。颜学武博士[66]研究的多波段光催化协合材料不仅使光催化反应的光谱反应范围扩展到紫外、可见光、微波段等多个波段，提高了光催化效率，而且具有较好的净化空气功能，还具有较好的抗菌、产生空气负离子等健康功能，但是还没有扩展到无日光照的条件下。光催化反应可描述如下：

$$TiO_2 + h\nu \longrightarrow e + h \tag{3.7}$$

$$H_2O + h \longrightarrow H^+ + \cdot OH \tag{3.8}$$

$$OH^- + h \longrightarrow \cdot OH \tag{3.9}$$

$$O_2 + e \longrightarrow \cdot O_2^- \tag{3.10}$$

$$\cdot O_2^- + H^+ \longrightarrow HO_2 \cdot \tag{3.11}$$

$$2HO_2 \cdot \longrightarrow O_2 + H_2O_2 \tag{3.12}$$

$$H_2O_2 \longrightarrow 2 \cdot OH \quad (3.13)$$

$$H_2O_2 + \cdot O_2^- \longrightarrow \cdot OH + OH^- + O_2 \quad (3.14)$$

3.6.2 稀土元素掺杂纳米 TiO_2

纳米 TiO_2 具有化学性质稳定、无毒、催化活性高、成本较低等诸多优点，而锐钛矿型 TiO_2 比金红石型的光催化活性更高，因此选用锐钛矿型纳米 TiO_2 作为光催化材料，并掺杂稀土元素进行改性。

在纳米 TiO_2 中掺杂稀土元素可以在 TiO_2 晶体中引入晶格缺陷或改变结晶度，在 TiO_2 禁带中产生附加的能级，见图 3.16。

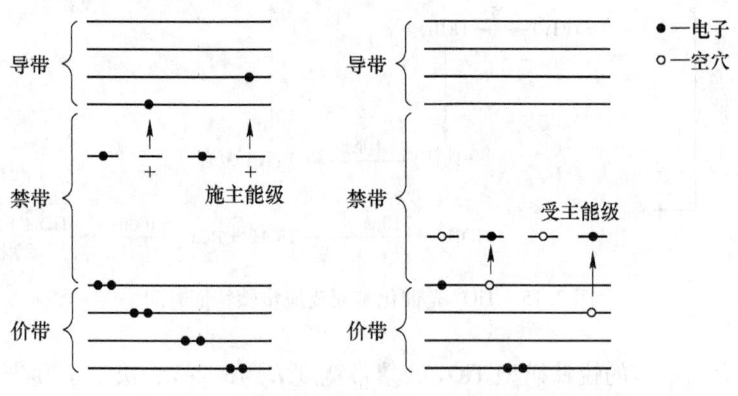

图 3.16 半导体中施主能级与受主能级的作用

TiO_2 价带中的电子若先跃迁到这些附加能级上然后再跃迁到导带中去，所需能量要比电子直接从价带跃迁到导带小得多，因此可见光就可激发稀土元素掺杂纳米 TiO_2，使其产生光催化作用，扩展了 TiO_2 的光谱响应范围。由于稀土元素独有的特性：具有 4*f* 轨道电子，且 4*f* 电子容易激发，从而使稀土元素的配位产生可变性，其 4*f* 轨道的电子可起到“后备化学键”或“剩余原子价”的作用，稀土元素（如铈、钕等）的离子价态之间转变比较容易，既可以得电子也可以失电子，因而稀土既可充当施主又可充当受主。

另外由于稀土元素对电子的争夺减少了 TiO_2 表面光生电子 e^- 和光生空穴的 h^+ 的复合，从而使 TiO_2 表面产生更多的 · OH，提高催化剂的活性。但过多的掺杂量会增加催化剂表面载流子复合中心的数目，使其活性下降。

3.6.3 协合催化材料协合催化反应

协合催化材料主要是由于 Th 发生 γ 衰变，放出 γ 射线，引起光电离和化学变化。任何有足够能量的辐射或粒子，当与样品原子、分子或固体碰撞时，原则上都能引起电离或激发。在一般情况下，离子包含带电粒子，也包含中性粒子以及光子，所以粒子之间的相互作用是多种多样的，像粒子的激发、电离、复合、电荷交换、电子附着等等，都是由非弹性碰撞引起的。

3.6.3.1 粒子相互作用过程

A 光子、电子和离子相互作用

Th 衰变出的 γ 射线是光子，当一个光子冲击到一原子上时，将会发生下列三个事件之一：(1) 光子无相互作用地穿过；(2) 光子被原子的轨道电子散射，导致部分能量损失；(3) 光子与轨道电子相互作用把光子能量全部传给电子，导致电子从原子中发射。第一种情形无相互作用发生。第二种情形称为康普顿散射，它在高能过程中是重要的。第三种过程称为光电效应[180~182]。

B 激发与电离

一个原子或分子吸收能量使它的一个外层电子从基态能级跃迁到高能级，那么这个原子或分子处于激发状态。下式表示一个原子与电子相碰而被激发的过程：

$$A + e \longrightarrow A^* + e \tag{3.15}$$

其中 A^* 表示原子的一个激发态。像这样由于碰撞而引起的激发，称为碰撞激发；这里激发所需的能量来自于入射粒子的动能。如果被激发的电子在所达到的能级与在基态能级的能量差为 $e\phi^*$ 电子伏，则 ϕ^* 是对应于这个高能级的激发势。

激发也可因吸收光子而产生：

$$A + h\nu \longrightarrow A^* \tag{3.16}$$

这种过程称为光致激发。

一个原子（或分子）吸收的能量如果大到使它的一个电子（通常是最外层的电子）完全摆脱粒子中其他电荷的作用而逃至无穷远，那么这个失去了电子的原子（或分子）就叫做电离了的原子（或分子），即带正电荷的离子。电离过程可由于入射粒子（电子、离子或中性粒子）的碰撞而产生，例如

$$A + e \longrightarrow A^+ + e + e \tag{3.17}$$

这一过程称为碰撞电离；也可以由于吸收光子而产生

$$A + h\nu \longrightarrow A^+ + e \tag{3.18}$$

这一过程称为辐射电离。碰撞电离是稠密或中等密度等离子体的主要电离过程；辐射电离则是稀薄等离子体的主要电离过程。

中性离子的碰撞电离，主要是由于电子相碰而引起的，至于与离子或其他中

性粒子相碰虽然有时也能引起电离，但要求入射粒子的能量比较大，一般认为是不重要的。

产生电离也有一个相应的阈值能量 $e\phi_i$，ϕ_i 为电离势。仅当碰撞或辐射提供的能量 $W > e\phi_i$ 时，电离才可能实现。表 3.3 列举了一些常见元素的电离势。

表 3.3　常见元素的电离势

元素名称	电离势/V
H	13.5
He	24.5
N	14.5
O	13.5
Ne	21.5
Cu	7.7
Cs	3.9
Hg	10.4

有一类电离过程是属于第二类非弹性碰撞的，称为彭宁效应。

两个处于亚稳状态的原子或分子，在碰撞过程中一个的激发能部分地或全部地传给了另一个，如果后者得到的总能量足够大，就可以发生电离。这一反应是：

$$A^M + A^M \longrightarrow A^+ + A + e \tag{3.19}$$

例如，汞有一个亚稳能级为 5.4eV，电离能级为 10.4eV，当两个这种亚稳汞原子相碰时，如果其中一个变成正常状态，另一个就可以电离，并且还有 0.4eV 的能量转化为动能，所以这个电离过程是第二类碰撞（$Q<0$）。

在混合气体中，一种气体的亚稳原子或分子，可以和另一种气体的正常分子或原子相碰，当前者的激发能量超过后者的电离能量时，那么相碰可引起后者电离：

$$A^M + B \longrightarrow A + B^+ + e \tag{3.20}$$

一个例子是在氩、氖混合气体中，氩原子（$e\phi_i = 15.76\text{eV}$）与亚稳原子氖（$\phi_{亚稳} = 16.53\text{eV}$）相碰引起电离，并且有 0.77eV 的能量转化为动能。

第三种可能是一个亚稳原子和一个电子相碰发生如下电离反应：

$$A^M + e \longrightarrow A^+ + e + e \tag{3.21}$$

以上几种电离过程截面都比较大，所以“离子源”常根据彭宁效应设计制成。

一个原子（或分子）受某种作用而激发到某一能级之后，如果再继续一次或多次吸收能量，则可以激发到新的更高的能级或者发生电离，这种过程称为多级激发或多级电离。

发生多级激发或多级电离的过程，可能是第一类碰撞，也可能是第二类碰撞。第一类碰撞产生的多级激发或电离可分两种情形来讨论。一种是电子对亚稳原子的碰撞，使亚稳原子吸收了能量。由于亚稳态寿命比一般激发态寿命长得多，所以在这么长的时间内就有可能受到新的电子的碰撞而跃迁到更高的激发态，或可能发生电离。另一种情形是，一个原子吸收一个光子激发到较高的能级，当电子跳回到原来能级时便产生共振辐射而发出相同的光子，这光子又再激发另一个原子，这被激原子又再产生共振辐射，这样不断重复下去，光子由一个原子传递给另一个原子，直到这个光子碰到容器壁被吸收为止。在这种过程里，虽然每个原子停留在激发态的时间非常短，但从光子进入容器壁到被容器壁吸收这段时间内，差不多一直存在着某种激发状态的原子，增多了电子与激发原子碰撞的机会，从而使之激发到更高能级或者电离。第二类碰撞产生的多级激发或多级电离一般都是在混合气体中出现的。上述彭宁效应的几种情况就属于这一类。

C 热电离

任何物质加热到足够高的温度，都会成为部分或完全电离的状态，这是因为在高温下物质分子的平均动能足够高，结果在某些粒子的碰撞中所传递的能量可使其中一方发生电离，这就叫做热电离。当然，此种过程可以看成是碰撞电离的一个特殊情形，但它是在高温（相对于室温而言）下产生的。原子或分子的电离势 ϕ_i 越小，即其电子被束缚得越弱，热电离所需的温度越低。化学元素的电离势和它在元素周期表中的位置有关。在一价碱金属（锂、钠、钾、铷、铯）内，电子被束缚得都比较弱，一个外层电子（价电子）位于远的轨道上，容易脱离原子。在周期表每一直行内，原子量越大电离势就越小，因为重原子内有许多屏蔽核电场的内层电子。因此，在所有元素中，最重的碱金属——铯最容易被电离。当有碱金属蒸气存在时，在2000~3000℃就能看出气体的导电性，但是要用加热方法得到强电离或完全电离的等离子体，最低也必须使温度达到几万度。人们最早用加热方法产生的较低温度弱电离等离子体是火焰，其中存在容易电离的碱金属杂质钠（它把火焰染成黄色）。在现代，热电离等离子体常出现于激波到达之处和高超声速流场中，此外，对于热核聚变研究亦有实际意义。

在实验室中利用这种机制获得了所谓等离子体。大家知道，人工形成等离子体最常用的方法是气体放电，它主要依靠电子在外电场加速下与中性粒子相碰而引起电离，基本上是一种与电子发生碰撞的电离过程，这样产生的等离子体一般电离程度都不高，具有许多难以控制的不稳定性，而温度常比较高（相对于室温而言），而且电子温度与离子温度也是不相等的。由于这些原因，有必要发展一种方法，依靠它可以获得低温度、强电离而且是基本上稳定的等离子体。早在20世纪30年代人们就知道，中性原子打在灼热金属面上，如果前者电离势低于后者电子逸出功，则中性原子将把外层电子遗留给金属面，而自身以离子的形式弹回，这种过程叫做接触电离；与此同时，灼热金属面也发射电子，数量平均来说与弹回的离子数差不多，所以在空间将形成等离子体。由于热电子发射的逸出功最高在6eV左右，看来只有碱金属适合于上面所说的目的。现在都是用电离势最低的铯来产生接触电离，此类装置称为Q装置（Q是英文quiescent plasma“平静等离子体”的第一个字母）。其中铯打在热钨板（约2000℃）上，产生的等离子体用轴向磁场来约束，可得直径几厘米的等离子体柱，有99%以上的粒子是电离的，目前已经获得的等离子体参量是：温度 T 为1000℃，密度为 10^{15} ~ $10^{19}\ m^{-3}$。

D　复合

在等离子体中，电子与正离子，或负离子与正离子相碰而形成中性粒子，这样的过程叫做复合，它相当于电离过程的逆过程。

电离是有阈过程，入射粒子或光子的能量必须高于某一个阈值 $e\phi_i$，这一阈值称为电离能。复合则必须满足相反的条件：组成的粒子必须摆脱剩余的能量，否则它会很快地离解。

由于剩余能量消失的方式不同，应区别三种不同的复合过程。第一种情形是带有辐射的复合，一个正离子吸收一个电子变成一个激发原子并同时发射光子以带走剩余的能量，即：

$$A^+ + e \longrightarrow A^* + h\nu \tag{3.22}$$

这种过程是稀薄等离子体中的主要复合过程，因此对天文等离子体非常重要；一般说来辐射时复合截面是很小的，例如氢离子在电子能量1eV时截面约 $10^{-21}\ cm^2$ 的量级。第二种情形是三粒子碰撞的复合，一个正离子与两个电子同时相碰，其中一个电子与离子结合组成一个激发原子，另一个电子带走剩余的能量，即：

$$A^+ + e + e \longrightarrow A^* + e \tag{3.23}$$

在比较稠密的等离子体内它是主要的复合形式。第三种情形是离解复合，一个带正电的分子离子吸收一个电子而变成一个激发分子，这个分子是非常不稳定的，它几乎立即离解成为一个激发原子和一个中性原子，即：

$$(AB)^+ + e \longrightarrow (AB)^* \longrightarrow A^* + B \tag{3.24}$$

其中剩余能量转化为离解碎片的动能；这种复合形式在电离层中经常出现。离解复合截面当电子能量为 1eV 时约为 $10^{-16}cm^2$ 的量级。

设以 n_n、n_i、n_e 分别表示等离子体中的中性粒子、离子、电子的密度，如果电离主要来自于电子和中性粒子的碰撞，而碰撞频率是与 $n_e n_n$ 成正比的，所以可用 $\alpha n_e n_n$ 表示在单位时间单位体积内电离出来的离子或电子数，$\alpha=\alpha(T_e)$ 为电离系数；另一方面，在单位时间单位体积中所减少的离子或电子可表示为 $\beta n_e n_i$，$\beta=\beta(T_e)$ 为复合系数，因此，在单位时间单位体积内所增加的离子或电子数是：

$$\frac{dn_i}{dt} = \frac{dn_e}{dt} = \alpha n_e n_n - \beta n_e n_i \tag{3.25}$$

式（3.25）称为电离率方程。其中，α 随温度上升而增加得很快，一般在 $T_e \sim 5e\phi_i$ 时达到最大；β 则随温度上升而极快地下降，一般 β 只有 $10^{-10} \sim 10^{-8}cm^3/s$。

E 电荷交换

在等离子体物理学中，具有重要意义的另一个元过程是电荷交换，也称为转荷。这个过程是当离子和中性粒子中夺走了电子，结果离子变成中性粒子，而中性粒子变成离子：

$$A^+ + A \longrightarrow A + A^+ \quad \text{（共振的）} \tag{3.26}$$

$$A^+ + B \longrightarrow A + B^+ \quad \text{（非共振的）} \tag{3.27}$$

在热核等离子体中，电荷交换是引起能量损失的一种途径，当杂质原子混入磁约束高温等离子体中时，快速的离子从这些原子夺得电子，它就变成快速原子，磁场对它不再起约束作用，于是它带着动能飞向器壁，这就要造成损失。

F 电子附着

电子与某种原子或分子相碰时，电子附着后者上产生负离子，这种过程称为电子附着。它有两种类型：一种类型是一个电子与中性原子相碰，形成所谓辐射附着，即：

$$A + e \longrightarrow A^- + h\nu \tag{3.28}$$

释出的能量转化为光子发射。在电子能量为 1eV 时，辐射附着截面约为 $10^{-23}cm^2$。另一种类型是一个电子与中性分子相碰，形成一个不稳定的负分子离子，后者再离解一个负离子和一个中性原子，即：

$$AB + e \longrightarrow (AB)^- \longrightarrow A^- + B \tag{3.29}$$

这称为离解附着；当电子能量为 1eV 时离解附着截面为 $10^{-17} \sim 10^{-16}cm^2$ 的量级，

电子附着与形成强流负离子源有密切关系，后者是正在大力发展的一种技术。

3.6.3.2　协合催化材料协合催化反应

协合催化材料中含有放射性元素 Th，当协合材料对体系作用时，体系吸收能量后，在介质中形成能量较高、空间分布很不均匀的活性粒子（如激发的分子和离子），体系处于不稳定状态，它将通过能量转移等过程先建立热平衡。能量转移的结果形成稳定分子和不稳定粒种如自由基，它们将进一步变化（包括化学反应和扩散过程）达到化学平衡，从而体系重新建立热力学平衡。协合催化材料的协同作用模型如图 3.17 所示。

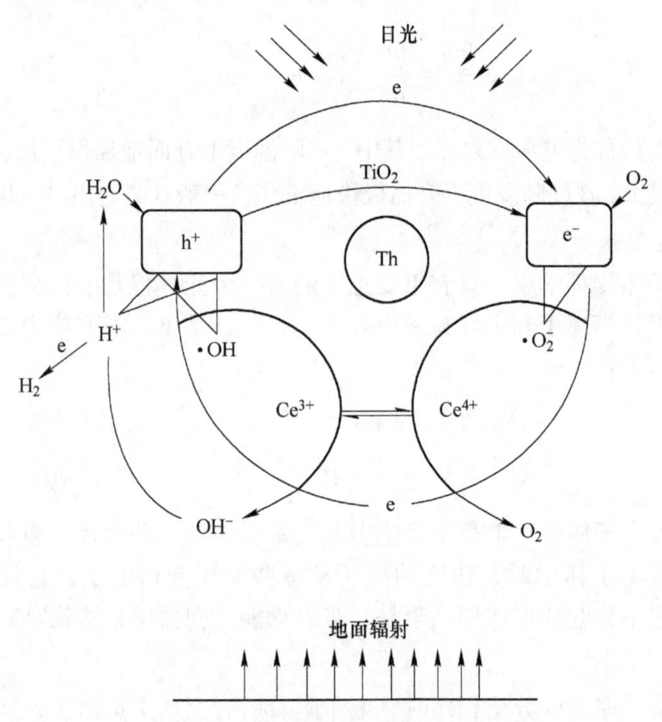

图 3.17　协合催化材料协同作用模型

Th 衰变出 γ 射线，当其穿透物质时，主要是通过电离和激发介质分子把能量贮存于物质中，当一个快速带电粒子通过原子附近时，荷电粒子和束缚电子间的静电作用使束缚电子获得能量，若传递给束缚电子的能量大于分子（或原子）的电离能，则电子可以脱离原子核的束缚变成自由电子，同时形成一个正离子，若传递给束缚电子的能量不足以使分子电离，则此电子可以跃迁到较高能级的轨道上形成激发分子。电离作用产生的次级电子（或自由电子）如有足够的能量，可以进一步引起分子电离和激发。对于电子和 α 粒子，直接电离作用约占 20%～30%，其余为次级电离作用。

电离辐射与物质相互作用的结果产生激发分子和粒子，这类过程可表示为：

$$M \longrightarrow M^{*} \text{或} M^{\neq} \tag{3.30}$$

$$M \longrightarrow M^{+}_{\cdot} + e \tag{3.31}$$

或

$$M \longrightarrow (M^{+}_{\cdot})^{*} + e \tag{3.32}$$

式（3.30）中，∗表示最低电子激发态（单重态或三重态），≠表示任何的较高电子激发态。式（3.31）、式（3.32）中生成次级电子如果有足够的能量，也可使物质分子激发和电离，形成自己的径迹。一个能量为1MeV的原初电子可以产生10^4数量级的次级电子。因此，放射性元素Th不断地发生激发、电离、复合、电荷交换、电子附着过程，不断地产生电子，提供体系反应所需要的电子，电子参与下列反应：

（1）O_2与电子生成水的反应。

$$O_2 + e \longrightarrow \cdot O_2^- \tag{3.33}$$

$$O_2 + 2e + 2H^+ \longrightarrow H_2O_2 \tag{3.34}$$

$$O_2 + 3e + 3H^+ \longrightarrow \cdot OH + H_2O \tag{3.35}$$

$$O_2 + 4e + 3H^+ \longrightarrow OH^- + H_2O \tag{3.36}$$

$$O_2 + 4e + 4H^+ \longrightarrow 2H_2O \tag{3.37}$$

（2）H_2O与电子的反应。

$$H_2O + e \longrightarrow \cdot H + OH^- \tag{3.38}$$

$$H_2O + e \longrightarrow \cdot OH + H^+ + 2e \longrightarrow OH^- + H^+ + e \tag{3.39}$$

或

$$2H^+ + 2e \longrightarrow 2 \cdot H \longrightarrow H_2 \uparrow \tag{3.40}$$

$$\cdot H + \cdot OH \longrightarrow O + H_2O \tag{3.41}$$

$$O + \cdot OH \longrightarrow \cdot H + O_2 \uparrow \tag{3.42}$$

（3）O_2、H_2O与电子的协合反应。

式（3.33）+式（3.36）×3中，6个电子的作用下可得：

$$2H_2O + O_2 + 6e \longrightarrow 4 \cdot OH + 6e \tag{3.43}$$

式（3.35）+式（3.36）×3中，7个电子的作用下可得：

$$2H_2O + O_2 + 7e \longrightarrow 4OH^- + 3e \tag{3.44}$$

式（3.43）、式（3.44）中看到，在2个H_2O和1个O_2在6个电子的光子催化反应中，可产生4个自由基；在7个电子的反应中得到4个负离子。

（4）变价稀土离子与自由基的反应（协合催化材料里的变价稀土不只含有变价稀土铈Ce，还含有其他的变价稀土，这是由于稀土废渣含有的稀土种类丰富决定的，也是选择稀土废渣制备协合催化材料的一个重要原因，在这里以变价稀土铈Ce为例）。

$$Ce^{4+} + \cdot O_2^- \longrightarrow Ce^{3+} + O_2 \tag{3.45}$$

$$Ce^{3+} + \cdot OH \longrightarrow Ce^{4+} + OH^- \tag{3.46}$$

式（3.9）、式（3.33）、式（3.45）、式（3.46）相加得到如下反应：

$$H_2O \xrightarrow{Ce^{3+,\ 4+}} OH^- + H^+ \tag{3.47}$$

$$2H^+ + 2e \longrightarrow H_2 \tag{3.48}$$

经过式（3.45）、式（3.46）反应减少了两个自由基（$\cdot O_2^-$和$\cdot OH$），产生了一个OH^-和一个H^+，$2H^+ \rightarrow H_2$；OH^-继续与环境中的H_2O作用可形成有利健康的羟基负离子（$OH^-(H_2O)_m$），这时可减少电子与空穴的再结合，提高量子效率，产生离子的功能也提高。一部分循环反应成为H_2O分子，即$OH^- + H^+ \rightarrow H_2O$。

实际上过渡金属离子$Fe^{3+,2+}$对自由基反应的催化作用即Haber-Weise反应足够说明[183]，金属离子是可以改变自由基的。环境化学的研究表明，土壤、空气中都有微量过渡金属离子与稀土离子的存在，并可净化空气。由于发生了上述反应，材料光催化产生的羟基自由基和超氧阴离子自由基大幅度的减少，大量增加了羟基负离子，这是可变价的稀土离子将自由基转化为负离子的过程[184]。在辐射能作用下，在无日光照的条件下，电子—自由基—分子之间存在一个长期循环的过程，循环的效率和产生负离子的量取决于金属离子的氧化-还原电位即变价的难易程度。

3.7　协合催化材料应用前景

具有协合催化功能的材料，其光催化、离子催化和辐射催化反应对于各个领域的应用有很大的意义，现举例如下：

（1）增强生命力：负电子充电（e+蛋白质）促进代谢，沉积在骨上，改善体质：

$$Ca^{2+} + 2e \longrightarrow Ca$$

（2）减少自由基以延缓衰老：

$$\cdot O_2^- + \cdot OH + M^{n+1} + M^{n+} \rightleftharpoons OH^- + O_2 + M^{n+} + M^{n+1}$$

（3）活化水制氢气：

$$H_2O + h\nu \longrightarrow H^+ + OH^-$$

$$2H^+ + 2e \longrightarrow H_2$$

（4）净化空气：

$$2NO_x + SO_2 + 4NH_3 + 3H_2O + h\nu \longrightarrow (NH_4)_2SO_4 \cdot 2NH_4NO_3$$

（5）强化光合作用，促进植物生长：

$$2H_2O + h\nu \longrightarrow O_2 + 4H^+ + 4e$$

$$CO_2 + O_2 + 4H^+ + 4e \longrightarrow C(H_2O) + O_2$$

（6）预先活化油（$RH_2+h\nu\rightarrow \cdot RH_2^+ +e$），活化空气（$O_2+e\rightarrow \cdot O_2^-$），节能减废：

$$C_mH_nO_p + h\nu \longrightarrow (C_mH_nO_p)^+ + e$$

由上述可见，光催化、离子催化和辐射催化技术可望应用于空气净化、抗菌材料、健康材料及节能材料等方面，而作为产生光子、离子的协合催化材料有着广阔的应用发展空间。

3.8 本章小结

（1）采用溶胶-凝胶法制备出稀土掺杂纳米 TiO_2 溶胶，再与电气石粉体复合经过凝胶化、干燥、煅烧等过程制备出协合催化粉体，通过 X 射线衍射、扫描电镜等手段分析了协合催化粉体，在稀土氧化物或稀土盐的作用下电气石颗粒分散较好，有利于提高产生空气负离子的能力；纳米 TiO_2 颗粒比较均匀的复合在电气石颗粒表面，有利于产生电子-空穴对分离，提高量子效率，从而提高光催化的活性，避免纳米材料的团聚问题。

（2）以协合催化粉体与稀土废渣（ThO_2 含量为 0.5%）为主要原料制备出协合催化材料，由于协合催化材料中含有纳米 TiO_2、电气石和放射性元素钍（Th），因此该材料是集光催化、离子催化、辐射催化为一体的新型功能材料。采用电子自旋共振表征了协合催化材料的催化性能，对长期低能辐射催化的安全性进行了初步探讨，提出了放射材料的安全使用量及安全距离。

（3）协合催化材料在原来光催化和离子催化的基础上添加了稀土废渣（含有放射性元素 Th）和多种变价金属离子，使得这种材料在辐射能作用下，在无日光的条件下，电子—自由基—分子之间存在一个长期循环的过程。不仅解决了光催化反应量子效率低和太阳能利用率低的问题，而且使得材料具有活化空气、活化油等功能。

（4）将协合催化材料应用于催化活化燃油和空气方面，并设计和改进了内燃机车供油和进气系统。

（5）具有协合催化功能的材料，其电子、离子作用的各种光子、离子催化反应可以增强生命力、减少自由基以延缓衰老，可以应用于空气净化、抗菌材料、健康材料及节能材料等方面。

4 协合催化材料节能减废实验

根据 H. R. Ricardo 的研究，一般将内燃机的燃烧过程分为滞燃、急燃和缓燃（在汽油机上称为补燃）三个阶段。下面对燃烧过程三个阶段的特点作一简单描述和分析。

从燃料进入气缸到开始着火的一段时期。在这一阶段中，燃料要完成从热空气中吸收热量、提高温度、与空气混合成为可燃混合气等物理准备过程；然后还要进行着火前的一系列化学准备过程，包括燃油分子与空气中的氧分子的一系列预氧化中间反应。一般来说，为了使内燃机运转柔和、减轻内燃机的机械负荷，要求滞燃阶段应该越短越好。这就要求在气缸中的氧气量充足，以利燃料分子能够充分与氧分子发生反应，尽快完成化学准备过程。

从燃料开始着火到气缸内出现最高压力为止的这段时期称为急燃阶段。在这一阶段，活塞处于上止点附近，燃料的燃烧速度迅速加快，使工质的压力、温度都急剧上升，达到最高压力。从气缸内出现最高压力到工质出现最高温度的阶段称为缓燃阶段。在这一阶段，燃烧仍以很快的速度进行，工质温度很快升至最高温度。由于活塞已离开上止点继续下降，气缸容积逐步扩大，故在此阶段工质压力开始下降。如果希望保持工质的压力不下降，使工质对活塞的推动力不变，就要求在此阶段的燃烧速度能够加快。但是，由于在燃烧室中的废气和燃烧中间产物增多而氧分子减少，燃料分子与氧分子进行反应的机会减少，必然使燃烧速度减慢，燃料可能在氧分子不足的情况下进行燃烧，发生热裂变，产生黑烟，造成燃烧不完全，影响燃烧的经济性和排气的净化。根据实验资料，急燃和缓燃阶段燃烧的燃料共占循环总供油量的80%以上，构成燃烧过程的主要阶段，所以也有人将这两个阶段合并成为主燃阶段。主燃阶段的燃烧质量提高，就能对燃烧过程产生巨大影响。缓燃阶段的主要矛盾是燃料得到的氧分子满足不了燃烧速度的需要。

通过对内燃机燃烧诸阶段特点的分析，我们不难发现，增加内燃机进气中的氧气浓度，从而在主燃阶段特别是其中的缓燃阶段加速供给氧气，提高燃料混合气形成的质量，是加速燃烧、缩短缓燃阶段，使燃烧完全，进而提高内燃机的动力性能和经济性的关键。在内燃机的燃烧过程中，燃料只有完全氧化才能放出全部热量。向气缸中供给充分的燃料是比较容易的，而向气缸中供给充分的氧气供燃烧用则比较困难。所以有一些学者认为决定内燃机发出功率大小的主要因素是气缸内可供燃烧的空气（氧气）量而不是供油量。目前，为保证内燃机燃烧完全，提高动力性能，经常采用的方法是增压亦即提高气缸内的过量空气系数。增压的优点是基本保证了燃烧完全，经济性较好，同时由于空气量的增加，使内燃机在同一循环内可燃烧更多的燃料，动力性能也有较大的提高。但是由于空气量增加，内燃机的排气量也相应增加，排气中带走的热量增大，故经济性的提高程度受到限制；另外，排气量增加使得排气污染物的总量也随之上升，对环境也有一定影响。

由第 3 章可以看出协合催化材料具有活化空气、活化燃料等功能，协合催化材料可以应用在节油减废等方面，因此将协合催化材料应用在柴油机、内燃机车上，验证其节能和减废效果。

4.1　协合催化材料在台架实验机上的实验

4.1.1　实验设备及方案

4.1.1.1　试验设备

台架试验设备：常柴股份有限公司生产的 ZS195 型号柴油发动机（见图 4.1）。

图 4.1　常柴 ZS195 柴油发动机

常柴 ZS195 型号柴油发动机各项性能参数见表 4.1。

表 4.1　ZS195 柴油机各项主要参数

额定功率（kW）/转速（r/min）	8.8/2000
最大功率（kW）/转速（r/min）	9.7/2000
排量/L	0.815
怠速/（r/min）	2000

尾气检测设备：采用德国 TESTO 300M/XL 烟气分析仪（见图 4.2）。

图 4.2 德国 TESTO 300M/XL 烟气分析仪

4.1.1.2 实验方案

采用市面上零售的 0 号柴油。

本实验分为活化空气的节能减废器和活化油的节能减废器的安装。将（图 3.12）“活化空气装置”安装在柴油机的空气过滤装置里，将图 3.9 所制得的活化柴油的微孔球粒材料放在油缸里。

在额定的有效功率下比较经过协合催化材料激活燃烧和普通燃烧的油耗量以及废气的排放量。

对尾气的测定：采用在排气管道中间钻孔的方法检测排放尾气的各主要组分含量，以及燃烧所产生的排气烟度、CO、NO、NO_2 的排放量。

4.1.2　实验结果及讨论

图 4.3~图 4.6 反映了协合催化材料对排气烟度、有害气体 CO、NO_2、NO 的排放量的影响。

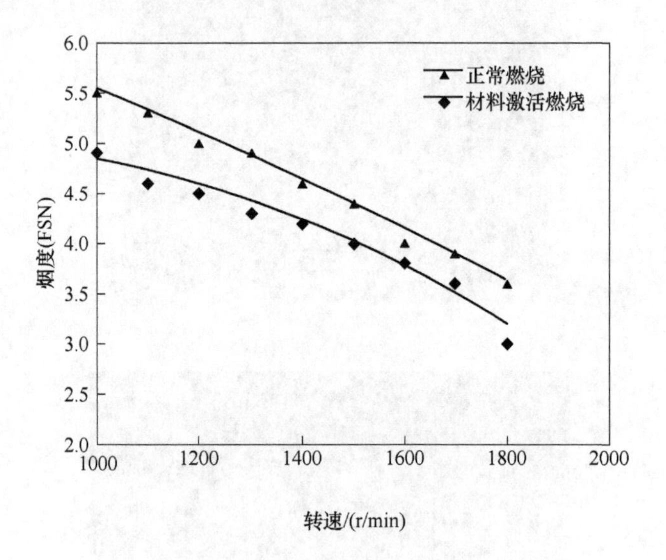

图 4.3　材料对排气烟度的影响

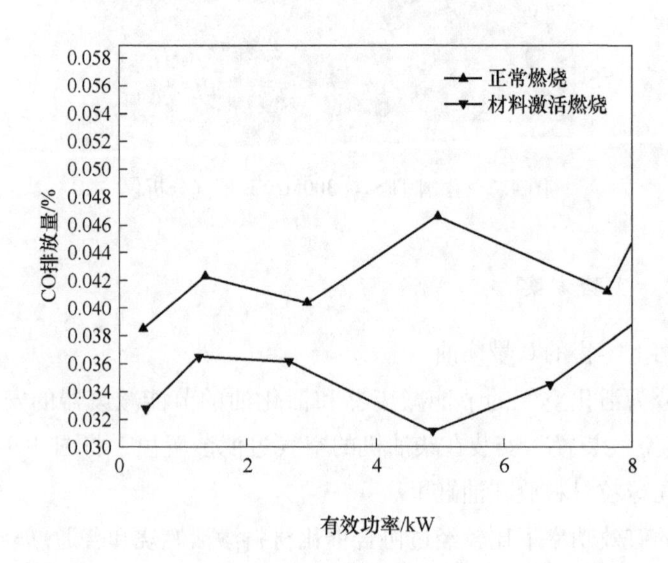

图 4.4　材料对 CO 排放量的影响

由图 4.3~图 4.6 可以看出，经过协合催化材料活化后的柴油，材料激活燃

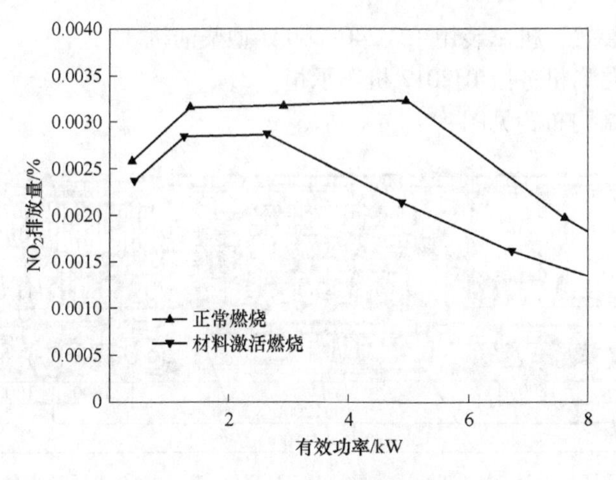

图 4.5 材料对 NO_2 排放量的影响

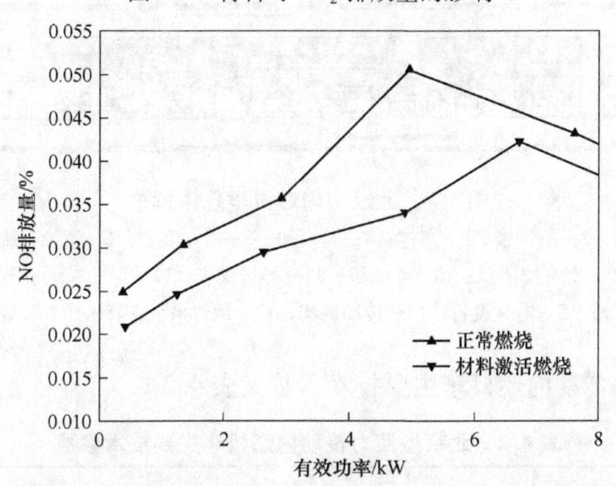

图 4.6 材料对 NO 排放量的影响

烧排放和普通柴油的燃烧排放相比较：

烟度排放下降了 4%～10%；

CO 排放量下降了 10%～20%；

NO_2 排放量下降了 8%～30%；

NO 排放量下降了 6%～30%。

4.2 协合催化材料在北京型内燃机车的实验

4.2.1 实验设备及方案

4.2.1.1 实验设备

试验机车：北京型液力传动内燃机车。

机车动力装置：机车装用 12V240/260ZJ 型柴油机。

由北京铁路局机务段 BJ2012 机车承担。

机车总体结构布置见图 4.7。

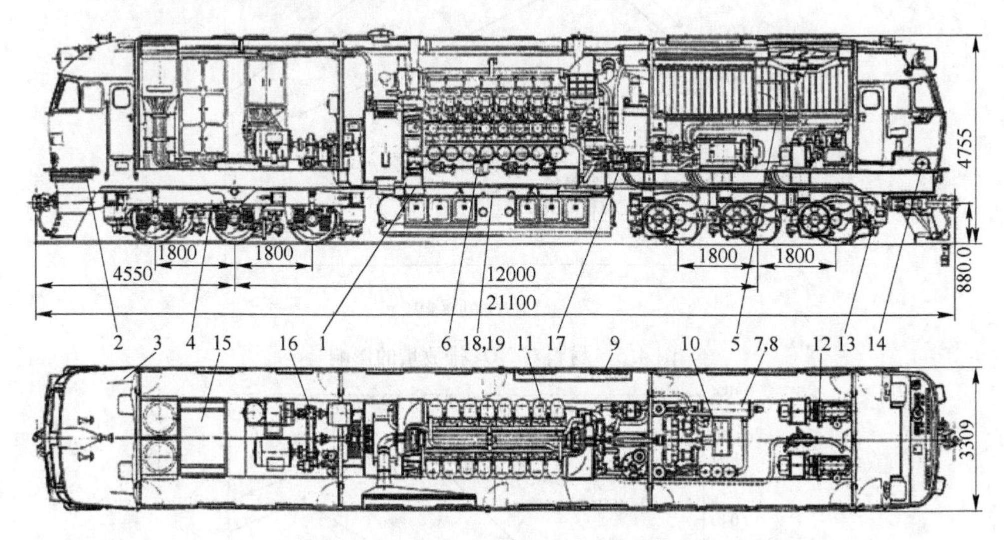

图 4.7　北京型内燃机车总体布置

1—柴油发电机组；2—装饰带；3—车体；4—转向架；5—冷却装置；6—燃油系统；7—机油系统；8—冷却水系统；9—空气滤清器；10—通风机；11—测量仪表；12—空气制动系统；13—撒砂系统；14—自动控制系统；15—电气设备；16—传动机构；17—预热系统；18—防寒装置；19—蓄电池箱

北京型液力传动内燃机车主要技术参数见表 4.2。

表 4.2　北京型液力传动内燃机车主要技术参数

最大速度/(km/h)	120
起动牵引力/kN	245
装车功率/kW	1990
机车全长/mm	16505
机车高度/mm	4735
机车宽度/mm	3285
燃料箱容积/L	5500

排放检测设备：采用德国 TESTO 350M/XL 烟气分析仪。

机车分上、下两大部分，上部为车体及内部设施，下部为走行部。侧壁承载式车体由主车架及焊装在车架上面的 4 个部分组成：Ⅰ端司机室、冷却间、机器间及Ⅱ端司机室。

4.2.1.2 实验方案

本实验分为活化空气的节能减废器和活化油的节能减废器的安装。

活化空气的节能减废器的安装：内燃机车中“活化空气装置”（图3.13），加装在柴油机两侧滤清器体内，使进入柴油机的空气得到活化，见图4.8。

图4.8 活化空气的节能减废装置的安装

内燃机供油系统的改进示意图如图4.9所示。

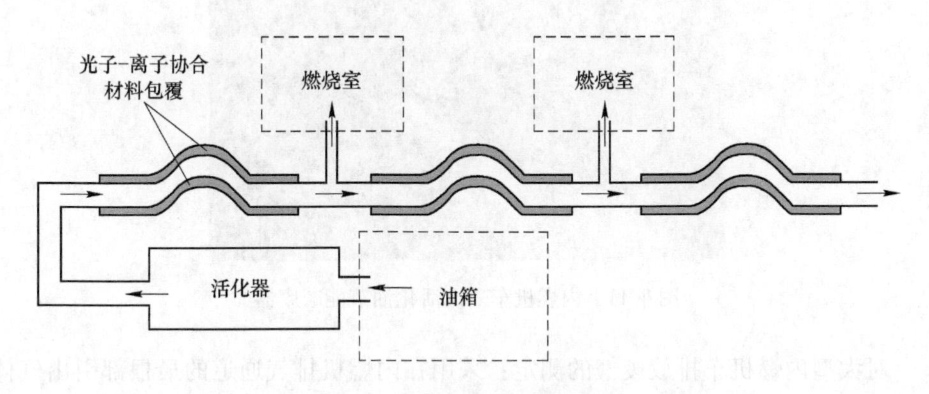

图4.9 内燃机供油系统的改进

如图4.9所示，内燃机车活化油装置分为以下两部分：

（1）将图3.9所制得的活化柴油的微孔球粒材料制成内燃机车“活化油节能减废器”（见图4.10）串联在机车柴油机两侧燃油过滤器前端（即图4.9所示的活化器位置），使燃油通过时进行催化活化。

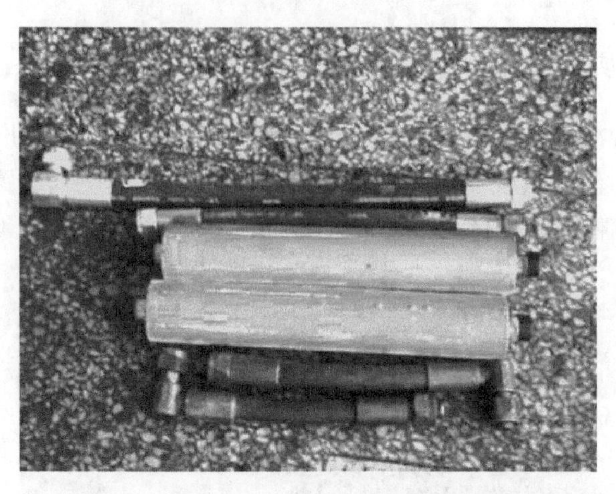

图 4. 10　内燃机车活化油节能减废器

（2）将图 3. 9 所制得的活化柴油的微孔球粒材料包裹在柴油机两侧燃油进油管路外壁上，使燃油通过时进行二次活化，见图 4. 11。

图 4. 11　内燃机车二次活化油节能减废器

对大型内燃机车排放废气的测定：采用在内燃机排气通道的最根部引出气体管道在机车内燃机机器间内部测定，以方便在机车行驶中根据机车行驶挡位不同，进行实时检测记录。

4. 2. 2　实验结果

通过近 4 个月的内燃机车车载试验与原车试验记录的比较，由北京局机务段技术科统计出燃油消耗的结果见表 4. 3。

表 4.3　协合催化材料对内燃机节能效果的比较

车　况	日　期	总重/万吨	行走路程/km	燃油消耗/kg	月均万吨公里燃油消耗/kg
使用材料	2005 年 11 月	354.0	10633	18969	53.58
	2005 年 12 月	436.4	13229	22708	52.03
不使用	2006 年 1 月	307.4	9294	16879	54.90
	2006 年 2 月	398.4	11735	21847	54.83

节能效果：

机务段试验得出结论，通过“活化油微孔球粒材料和活化空气协合板块材料”在 BJ2012 机车使用燃油消耗可节省 3.75%。

通过 BJ2012 机车实验结果表明，协合催化材料应用在内燃机车上具有节能的效果。

减废效果：

从图 4.12~图 4.14 可以看出，使用协合催化材料催化作用燃烧后排放的废气中，NO_x、CO 和 CO_2 的含量均有明显的减少：

废气中 NO_x 的浓度可减少 5%~33%；

废气中 CO 的浓度可减少 7%~33%；

废气中 CO_2 的浓度可减少 25%~78%。

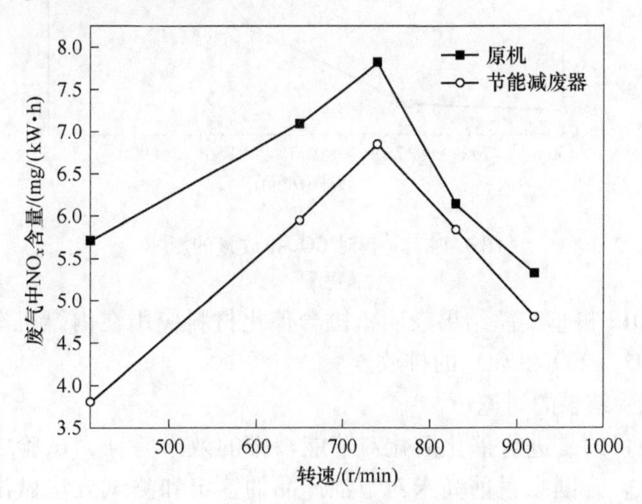

图 4.12　材料对 NO_x 排放量的影响

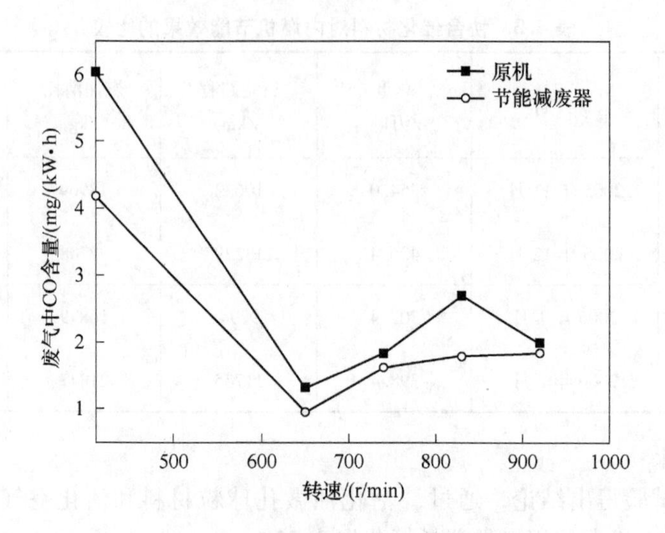

图 4.13　材料对 CO 排放量的影响

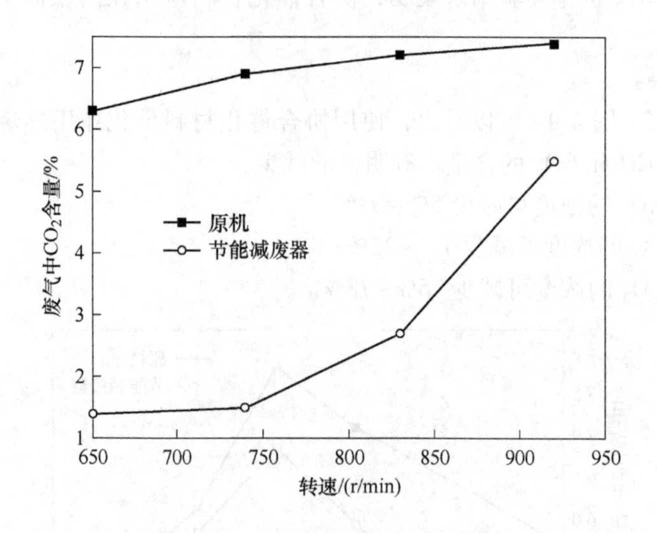

图 4.14　材料对 CO_2 排放量的影响

通过 BJ2012 机车实验结果表明，协合催化材料应用在内燃机车上有利于降低废气中的 NO_x、CO 和 CO_2 的排放。

对应用试验结果的讨论：

由于试验目的是进行催化活化对节能减排的效果验证，试验中存在着客观条件不稳定性，且国家目前尚未对节油产品的鉴定和测试方法做出统一标准和规定，故试验所得节能减排的数据供验证协合催化材料功能作用参考对比使用。

4.3 交通部汽车运输行业能源利用检测中心实验

4.3.1 主要仪器设备

6110A-1 柴油发动机；

CW260 电涡流测功机试验台；

FCW-D 油耗转速自动测量仪；

DSM-20A 烟度计；

润滑油：长城牌 15W/40CD；

燃油：0 号柴油；密度：0.841g/cm^3。

检验项目：

（1）柴油发动机负荷性对比检验；

（2）柴油发动机总功率对比检验；

（3）柴油发动机全负荷烟度对比检验。

4.3.2 使用要求

将 YUZOX 节油减废器两侧的金属管（无方向性）一端接到发动机进油管，另一端接到发动机燃油滤清器的输入端，发动机预运转 1h 后进行对比检验；由于实验条件的限制，没有进行活化空气的装置改装。

检验依据：《汽车节油技术评定方法》（GB/T 14951—1994）。

4.3.3 实验结果

经检验，6110A-1 柴油发动机用 0 号柴油，在油箱中放置与不放置“节能减废器”进行发动机台架性能对比检验，按《汽车节油技术评定方法》（GB/T 14951—1994）计算：

（1）负荷特性对比检验。

市区运行模式节油率：0.3%；

城间运行模式节油率：0.3%；

快速车道运行模式节油率：0.3%。

（2）总功率对比检验。

转矩对比系数：1.00；

功率对比系数：1.00。

（3）柴油机五种转速平均排气烟度净化率：2.9%。

4.4 协合催化材料节能减废实验结果分析

从台架发动机、北京型内燃机车以及交通部能源检测中心的实验结果可以看出，对于同样的材料在不同的实验设备上所产生的实验结果不一样，这主要原因是：

（1）实验条件不一样：对于小型柴油机台架实验和大型内燃机车阶段运行试验，不仅在进油路口使用协合催化材料，在空气滤清器内也安装有协合催化材料，节能减废效果是活化油和活化空气双重作用的结果；而在交通部汽车运输行业能源利用检测中心的实验中，由于实验条件限制，仅进行了柴油活化处理，未进行空气活化处理，其节能减废效果不明显。因此，如何在应用中采用最佳条件和获得最好的节油减废效果仍有待进一步深入研究。

（2）协合催化材料节能减废产品的通用“功效”无外乎：一是提升动力性（马力）；二是降低燃料消耗量（提高经济性）；三是降低排气污染物（尾气排放）。

现从试验技术角度探讨一下原因。

首先，从试验方法说起。关于汽车的动力性（马力），可采用的我国现行的整车相关试验标准见表 4.4。

表 4.4 我国提升动力性现行的整车相关试验标准

标准名称	适用对象	试验方法概述		限值要求
《汽车加速性能试验方法》（GB/T 12543—1990）	各类汽车	（1）最高挡或次高挡（直接）加速性能； （2）起步连续换挡加速性能	车速仪	企业产品技术条件
《汽车最高车速试验方法》（GB/T 12544—1990）	各类汽车	最高车速	车速仪	企业产品技术条件
《汽车最低稳定车速试验方法》（GB/T 12547—1990）	各类汽车	直接挡最低稳定车速	车速仪	企业产品技术条件

关于汽车的经济性（燃料消耗量），可采用的整车相关试验标准如表 4.5 所示。

表 4.5 我国汽车经济性（燃料消耗量）整车相关试验标准

标准名称	适用对象	试验方法概述		限值要求
《轻型汽车燃油消耗量试验方法》（GB/T 19233—2003）	以点燃式发动机或压燃式发动机为动力，最大设计车速大于或等于50km/h 的 M_1 类车辆，最大设计总质量不超过 3.5t 的 M_2 类和 N_1 类车辆	模拟城市+市郊工况循环，测定排气污染物排放同时用碳平衡法计算得	底盘测功机和排气取样分析系统	《乘用车燃油消耗量限值》（GB 19578—2004）
《乘用车燃料消耗量试验方法》（GB/T 12545.1—2001）	M_1 类车和最大总质量小于 2t 的 N_1 类车（针对 GB/T 12545—1990 中轿车）	（1）模拟城市工况；（2）等速行驶	（1）底盘测功机；（2）底盘测功机或道路	无
《商用车燃料消耗量试验方法》（GB/T 12545.2—2001）	M_2、M_3 类和最大总质量大于或等于 2t 的 N 类车辆（针对 GB/T 12545—1990 中客车、载货汽车）	（1）等速行驶；（2）多工况	道路法，但适用车型可采用底盘测功机	无
《商用车燃料消耗量试验方法》（GB/T 12545—2001）	汽车（轿车、客车、载货汽车等）	（1）全油门加速；（2）等速行驶；（3）多工况；（4）限定条件下	道路法	无

注：1. M、N 类等的定义参见《机动车辆及挂车分类》（GB/T 89—2001）。

2. GB/T 12545—1990 的《限定条件下的平均适用燃料消耗量试验》的具体方法为：在Ⅲ级以上平原干线公路上，其长度不小于 50km，在正常交通情况下，以（60±2）km/h 车速尽可能匀速行驶，测定每单程的燃料消耗量，换算成百公里燃料消耗量。试验往返各一次，期间记录制动次数、各挡位使用次数和怠速时间。以两次测量结果的算术平均值为限定条件下的平均使用燃料消耗量的测定值，并折算平均车速，即通过粗略的累加油量和行驶里程统计来测算平均燃料消耗量。

关于汽车的排气污染物（尾气排放），可采用的我国现行的整车相关试验标准见表 4.6。

表 4.6　我国排气污染物（尾气排放）现行的整车相关试验标准

标准名称	适用对象	试验方法概述		配套限值标准
《轻型汽车污染物排放限值及测量方法（Ⅱ）》（GB 18352.2—2001）； 《轻型汽车污染物排放限值及测量方法（中国Ⅲ、Ⅳ阶段）》（GB 18352.3—2005）	以点燃式发动机或压燃式发动机为动力，最大设计车速大于或等于50km/h的轻型汽车（最大总质量不超过3.5t的 M_1、M_2 类和 N_1 类车辆）	（1）Ⅰ型试验常温冷启动后排气污染物排放（模拟城市+市郊工况循环）； （2）双怠速	（1）底盘测功机和排气取样分析系统； （2）多组分排气测试仪	含限值要求，分别相当于欧Ⅱ、Ⅲ和Ⅳ
《车用压燃式发动机和压燃式发动机汽车排气烟度排放限值及测量方法》（GB 3847—2005）	低速载货汽车和三轮汽车以外的车用压燃式发动机、压燃式发动机汽车，包括在用汽车（可见排气污染物，烟度）	自由加速，必要时进行全负荷稳定转速	不透光度计	含限值要求
《点燃式发动机汽车排气污染物排放限值及测量方法（双怠速法及简易工况）》（GB 18285—2005）	装用点燃式发动机的汽车，包括在用汽车	（1）简易工况法（稳态、瞬态、简易瞬态工况）； （2）双怠速法	（1）底盘测功机和排气取样分析系统； （2）多组分排气测试仪	含限值要求

注：M、N类等的定义参见《机动车辆及挂车分类》（GB/T 89—2001）。

由于国家目前一般只能对测试车辆在加装协合催化节能减废产品前（原车）、后，分别按上述方法进行试验，以期对比分析其试验结果。

用户的基本方法是通过主观感受车辆动力性能的变化，以及采用类似于前汇总表的现行国家标准已不采用的“限定条件下”的道路行驶平均使用燃料消耗量试验。在试验车辆安装节油装置前（原车）、后分别进行上述的试验，经过较长的试验周期（时间以数月计、行驶里程以数千、上万公里计），通过累积计算燃料添加量和相应行驶的间隔里程数来测算燃油消耗量。但存在的问题是：条件不受控制、可比性差。首先，前后对比的试验周期内，行驶区域、道路交通情况、气候环境条件完全不同，即使刻意约束在相对可控的小范围内，平均技术车速和瞬时车速的控制精度、制动次数、挡位使用情况、怠速时间仍不可能保证一致。其次，多通过油站的加油机反映的加注量来采集数据，但车辆停放位置导致车身姿态的变化、燃油箱温度和燃油蒸汽压、加油机内流量的精度和跳枪控制时机都会直接影响到加注量数据的真实性。当提供给出租车队、运输车队使用时，更因为车辆每天行驶的线路不同，载荷状态不同，换班驾驶员的驾驶习惯不同，加油站点的不固定，维修保养所造成的车况变化等因素而导致数据无据可依。当然，“漫长”的试验周期可视作累积体现了节油效果，但也可视作累积放大了误差。

专业权威检测机构则多采用车速仪（第五轮、非接触光电型、GPS 型、雷达型式等）加精密燃油流量计（传感器），进行道路等速行驶的燃料消耗试验。或在带环境条件控制的实验室内采用底盘测功机系统模拟道路阻力进行各种工况下的试验。以道路等速行驶燃料消耗量为例，比较用户和检测机构的试验方法见表 4.7。

表 4.7 用户和检测机构的试验方法

内容		用户试验方法	检测机构试验方法
测试方法		通过累积计算燃料添加量和相应行驶的间隔里程数来测算（限定条件下，往返测试取平均）	通过精密燃油流量计和车速仪来测算（往返测试取平均值，消除路面坡度和风的影响）
试验周期	时间	数周、上月（至少 6h）	约 1h
	行驶里程	数千、上万公里（至少 100km）	取稳定的 500m/次，往返进行
试验场所		社会道路，受交通流量影响大，往返受限无法确保同一车道	指定试车场地，无外界干扰。路面应平坦、坚硬、干燥、清洁，用沥青或混凝土铺装路面
气候条件		差异大	因时间间隔短，变化差异小
试验人员		社会驾驶员	职业试车员和设备操作员
计量器具	类型	油站的加油机	车速仪+精密燃油流量计，接入汽车燃料供应回路
	精度	不详	0.5%
车速	技术车速点	50km/h 或 60km/h	40km/h 至最高车速的 80%，每间隔 10km/h（推荐 60km/h、90km/h、120km/h 的低、中、高速特征点）
	平均控制精度	±2km/h 或更差	—
	瞬时控制精度	不可控	要求±1km/h，可达±0.5km/h
挡位控制		自由换挡	固定挡位

根据之前汇总的标准所采取方法的趋势可见，为确保试验条件、方法的稳定性，适用车型的道路法正日渐为实验室法所取代；为寻求与使用状态吻合性和评价的现实意义，等速行驶法亦日渐为“模拟城市和市郊工况循环”的工况法所

取代。

从用户和检测机构的试验方法汇总表的比较可以看出检测机构试验方法更严谨、更科学，采集的数据更精确、更可信。但是严肃、科学的方法和精确的数据却无法评价协合催化材料节能减废的效果，这就要探讨一下试验数据的分析和评价方法：

关于经济性（燃料消耗量），简单举例，一辆经济型轿车 90km/h 等速行驶的百公里油耗其名义值为 6L/100km，实际如果进行两次重复测试，可能的结果为（6±0.2）L/100km，在理论上均是可以接受的合理数据，但其极端差异已达到 0.4L/100km，甚至可能更大（受不同测试时刻的人员操作、气候、道路以及测试车辆的瞬时工作状态等综合因素的影响），以此来计算，在不使用协合催化材料的情况下，就已存在了 6.45%的节油率或 6.90%的费油率，如表 4.8 所示。

表 4.8　试验数据的分析和评价方法

试验项目		单位	试验结果		备　注
			第 1 种可能	第 2 种可能	
90km/h 等速行驶燃料消耗量	第 1 次（R_1）	L/100km	6.2	5.8	—
	第 2 次（R_2）		5.8	6.2	—
节油率		%	−6.45	+6.90	$S=(R_2-R_1)\times100\%/R_1$ “−”表征节油，“+”表征费油

同样的，对于排气污染物（尾气排放），以点燃式汽车的怠速法为例，现代闭环电控燃油喷射带氧传感和三元催化的汽车在系统工作正常、热状态良好的情况下，尾气排放测试结果数据本身的绝对值就处于极低的水平，如：CO 约为 0.01%，HC 约为 10ppm 等（而测试仪器的最小分辨率也为 CO＝0.01%，HC＝0.0001%）。而以轻型汽车Ⅰ型试验工况法为例，由于试验方法和设备的复杂性，测试系统的检定通常采用业界公认的比对试验方案实施，试验结果的测量不确定度（误差）分析也更为复杂，简单地以两次对比测试结果来评价“降污率”就更不合适了。

此外，一般的委托检测通常局限于单一状态测试。真正科学、严谨的态度应选取比较多的样本（样车），并充分考虑车型的典型性和涵盖性，如：不同的厂商和品牌（日系/美系/德系）、同一车型的不同批次/多辆次、不同的燃料种类（汽油/柴油/替代能源）、不同的新旧程度及里程数（全新的/刚过磨合期/自然使用较长年限的/事故后修复的/经保养大修的）、不同的载荷状态（空载/半载/满载/超载的）、重型/轻型/微型车等。对每一样本（样车）还应进行一定次数（至少 3 次以上）的重复测试。对于经济性（燃料消耗量）的例子，如果是

(6±0.2)L/100km和（5.5±0.3)L/100km 的测试结果，那就具有一定的可比性了。最后，对各种样本的测试结果进行分析总结，才能获得对节油器产品效果的科学、客观、公正的综合评价。

因此，得出如下结论：

(1) 如执行选择在汽车整车上进行，则仅推荐选用合适款型的轻型汽车，分别在加装协合催化材料产品前后（协合催化材料产品加装后的运行起效周期应尽可能短，中间过程易于受控），进行以下国家标准规定项目的动力性、经济性和排气污染排放物的试验：

1)《汽车加速性能试验方法》(GB 12543—1990）的最高挡或次高挡（直接）加速性能（人为操作影响因素较小）；

2)《汽车最低稳定车速试验方法》(GB/T 12547—1990)；

3)《轻型汽车燃油消耗量试验方法》(GB/T 19233—2003）和《乘用车燃料消耗量试验方法》(GB/T 12545.5—2001）的道路等速行使（视情况进行)；

4) GB 18352 系列《轻型汽车污染物排放限值及测量方法》的 1 型试验。

(2) 测试应尽可能兼顾不同的样本类型，即使单一样本也应考虑进行多种载荷状态（空载/半载/满载）和重复测试（建议至少 3 次以上）以增加分析、统计的依据和可信度。

(3) 用发动机台架仅对发动机进行排放和燃油消耗率（g/(kW·h)）的对比测试，既排除汽车发动机人为部分对测试的影响，也避免受到道路测试外界相关因素的影响，工作效率也高，针对性也强。

4.5 本章小结

(1) 对于协合催化材料，通过在小型柴油机台架试验对比，激活燃烧排放和普通的燃烧排放相比较：烟度排放下降了 4%~10%；CO 排放量下降了 10%~20%；NO_2 排放量下降了 8%~30%；NO 排放量下降了 6%~30%。

(2) 通过大型内燃机车阶段运行试验，使用了协合催化材料对空气和燃油进行催化活化的油耗比相同运行状况下原车油耗减少 3.75%；排放废气中 NO_x 的排放量下降了 5%~33%；CO 的排放量下降了 7%~33%；CO_2 的排放量下降了 25%~78%。

(3) 由交通部的检验结果可以看出，在节油方面，协合催化材料产生的效果不明显，但是平均排气烟度净化率达到了 2.9%。

(4) 实验条件不一样导致实验结果有很大的区别：对于小型柴油机台架实验和大型内燃机车阶段运行试验，不仅在进油路口使用协合催化材料，在空气滤清器内也安装有协合催化材料，节能减废效果是活化油和活化空气双重作用的结果；而在交通部汽车运输行业能源利用检测中心的实验中，由于实验条件限制，仅进行了柴油活化处理，未进行空气活化处理，其节能减废效果不明显。因此，如何在应用中采用最佳条件和获得最好的节油减废效果仍有待进一步深入研究。

（5）对于用户和检测机构之间的差距，主要原因是实验方法。国家现行的汽车整车动力性、经济性（燃料消耗量）和排气污染物（尾气排放）试验方法是针对车辆的，而非直接针对协合催化材料产品，相关试验方法只需在较短时间和运行里程内通过精密的测试仪器就可获得动力性、经济性和排气污染物方面的准确技术参数，但用此类方法是否适用于对车辆加装协合催化材料前后进行对比试验有待进一步探讨。

5 协合催化材料节能减废机理

从燃料进入气缸到开始着火的一段时期，在这一阶段中，燃料要完成从热空气中吸收热量、提高温度、与空气混合成为可燃混合气等物理准备过程；然后还要进行着火前的一系列化学准备过程，包括燃油分子与空气中的氧分子的一系列预氧化中间反应。因此，在发动机条件一定的前提下，空气和燃油的性质是影响柴油燃烧的主要因素，本章从协合催化材料对空气和燃油双重作用的角度来探讨其节能减废的机理。

我国车辆用油主要是 0 号柴油与 90 号汽油，与汽油相比，柴油不易挥发，着火点较高，不易因偶然情况被点燃或发生爆炸，而且小型柴油发动机比汽油机的燃油经济性高出三分之一，另外柴油轿车的保养费用也普遍低于汽油轿车，因此本文选用柴油发动机和 0 号柴油进行试验。

5.1 协合催化材料节能减废理论分析——“预处理”理论

NO_x 的生成有三个重要途径：由空气中的 N_2 在高温区反应生成的热反应 NO_x 和燃料中氮元素生成的燃料 NO_x，即温度型和燃料型 NO_x，其中温度型 NO_x 占主导。影响它们生成的因素有：可燃混合物组成；在反应区停留时间；燃烧温度和工作压力等。因此，可以通过改善可燃混合物组成，缩短在反应区停留时间使燃油充分燃烧，降低废弃物的排放。

在空气和燃油进入燃烧室之前，在协合催化材料的协合作用下，空气和柴油中产生大量的电子、离子、原子和自由基。由于自由基的存在一方面可燃混合组成得到改变，混合物中小分子数增多，另一方面自由基具有很强的反应能力，成为反应的活性中心，使新的化学反应得以进行，加快反应进行，缩短在反应区的停留时间。因此，将这个过程定义为“预处理”，“预处理”分为活化空气和活化燃油。

5.1.1 活化空气

空气是由 78%的氮气、21%氧气以及许多稀有气体和杂质组成的混合物。氧气能与很多元素直接化合，生成氧化物。氮气是惰性气体，反应条件比较苛刻，通常不参加反应，因此只讨论氧气参加的反应，反应如下：

$$O_2 + e(5eV) \longrightarrow \cdot O_2^- \tag{5.1}$$

$$O_2 + e(5eV) \longrightarrow \cdot O + \cdot O + e \tag{5.2}$$

$$O_2 + e(12eV) \longrightarrow O_2^+ + 2e \tag{5.3}$$

$$O_2 + e(12eV) \longrightarrow \cdot O + O^+ + 2e \tag{5.4}$$

$$H_2O \xrightarrow{e} \cdot OH + \cdot H \tag{5.5}$$

由3.6节协合催化材料协合作用机理可知，即使在无日光的条件下，由于Th发生γ衰变放出的γ射线是光子，光子传递给物质的分子或原子的同时，一些粒子的激发、电离、复合、电荷交换、电子附着等过程使空气的成分变得比较复杂，协合催化材料在空气中产生的离子产量为9960个/cm^3，同普通空气燃烧相比，大量的电子、离子、原子以及大量的·O、·H和·OH存在于空气中，空气变得比较有活性，自由基成为反应的活性中心，使新的化学反应得以进行，加快反应进行，缩短在反应区的停留时间。

5.1.2 活化油

由催化理论可知，在一般情况下C—H键是惰性的，无论从空间效应或电子转移来看活化它都是困难的。但在过渡金属催化作用下，C—H键可以与配位不饱和、低氧化态、富电子金属中心的过渡金属和稀土金属等有机配合物发生氧化反应，C—H键能被活化，可以降低C—H键的活化能，使活化的分子数增多。同时由于金属氧化物中的氧有传递作用，可使燃料获得原子氧，从而产生自由基。

5.1.2.1 协合催化材料活化碳氢化合物的过程

在协合催化材料作用下，由于Th发生衰变，在辐射能$h\nu$作用下，碳氢化合物可被转变成比母体化合物分子量大（或小）的碳氢化合物的混合物[185]，协合材料辐射分解的原初过程可以用以下简单方式表达：

$$RH_2 \xrightarrow{h\nu} [RH_2^{\neq}, RH_2^*, RH_2^+ \cdot] + e^- \tag{5.6}$$

辐射分解并非都直接由原初过程引起的，次级反应在有机物的辐解中占有重要的地位，次级反应多种多样，发生以下可能的反应：

$$RH_2^+ \cdot \xrightarrow{h\nu} RH^+ + \cdot H \quad \text{（离子解离）} \tag{5.7}$$

$$RH_2^+ \cdot + RH_2 \xrightarrow{h\nu} RH_3^+ + \cdot RH \quad \text{（离子分子反应）} \tag{5.8}$$

$$RH_2^* \xrightarrow{h\nu} \cdot RH + \cdot H \qquad \text{（解离成自由基）} \tag{5.9}$$

$$RH_2^* \xrightarrow{h\nu} R + H_2 \qquad \text{（解离成分子产物）} \tag{5.10}$$

$$RH_2^+ \cdot + e^- \xrightarrow{h\nu} RH_2^{\neq} \qquad \text{（偕离子对重合）} \tag{5.11}$$

5.1.2.2 协合催化材料活化柴油的过程

燃油主要是烃类有机化合物，其分子之间的作用是借助于偶极矩或顺时偶极矩的静电引力把分子和分子缔合在一起，这种力也就是范德华力，它没有方向性和饱和性，是一种很弱的静电力，作用范围很小，所以燃油分子的相互位置是可变的，即具有流动性。而其分子是由氢原子和碳原子依靠共价键而组合成的，其中的C—H、C—C 键的键能均较大，C—C 键的键能为 347. 8kJ/mol、C—H 键为 414. 8kJ/mol。当辐射能到一定程度时，弱键断裂，随之主键也断裂，产生低分子物。

柴油是沸程为 180~360℃的复杂混合物，其分子式记为 C_mH_n，当吸收了协合催化材料中的 Th 所发射出来的辐射能以后，在介质中形成能量较高、空间分布很不均匀的活性粒子，其活化过程如下[186~188]：

$$C_mH_n \xrightarrow{h\nu} (C_mH_n)^* + e \tag{5.12}$$

式（5.12）中生成的次级电子如有足够的能量，也可使物质分子激发和电离，形成自己的径迹。式中，$(C_mH_n)^*$表示电子激发态（单重态或三重态），发生如下的辐射分解：

$$(C_mH_n)^* \longrightarrow (C_mH_{n-2}) + H_2 \tag{5.13}$$

有机分子在辐射化学过程中，键的断裂也是无选择性的，故辐射产物是多种多样的，既有 H_2 和二聚体，也有各种自由基重合的产物和不饱和烃。因此，当柴油经过材料后，柴油被活化，一些分子成为激发态，而且还具有大量的次级电子，式（5.12）所产生的电子以及次级电子发生如下的反应：

$$O_2 + e \longrightarrow \cdot O + \cdot O + e \tag{5.14}$$

$$\cdot O + H_2 \longrightarrow \cdot OH + \cdot H \tag{5.15}$$

$$\cdot O + \cdot OH \longrightarrow O_2 + \cdot H \tag{5.16}$$

$$\cdot OH + H_2 \longrightarrow H_2O + \cdot H \tag{5.17}$$

$$2 \cdot H + M \longrightarrow H_2 + M \tag{5.18}$$

$$2 \cdot OH \longrightarrow \cdot O + H_2O \tag{5.19}$$

$$\cdot OH + \cdot H + M \longrightarrow H_2O + M \tag{5.20}$$

由上面分析可知，在协合催化材料的作用下，柴油发生复杂的辐射催化分解过程，柴油里不仅包含一些活性粒子，大量的激发态分子和 · O、 · H 和 · OH 自由基，同时自由基重合变成新的产物以及不饱和烃，大分子变成小分子有利于柴油燃烧。

5.1.3 活化空气、活化油“预处理”理论

5.1.3.1 燃烧化学

燃油的氧化可写为：

$$C_nH_m + \left(n + \frac{m}{4}\right) O_2 = nCO_2 + \frac{m}{2}H_2O \tag{5.21}$$

但这种反应只是描述了过程的始末，而没有涉及到它所经历的过程。实际的反应虽然很快，但仍要经历一系列极其复杂的中间反应过程，即经历链引发、链传播及链中止等过程。链引发是反应物分子受到某种因素激发（如受热裂解、光辐射、磁场作用等），分解成为自由原子或自由基，具有很强的反应能力，成为反应的活性中心，使新的化学反应得以进行。链的传播是指已生成的自由原子或自由基与反应物作用，一方面将反应推进一步，另一方面同时生成新的自由原子或自由基的过程。当一个活性中心引起的反应，同时生成两个以上的活性中心，这时，链就发生了分支，反应速度将急剧地增长，可达到极快的程度（链锁爆炸）。

发动机燃烧室高温高压工作条件下发生的部分中间化学反应[189,190]：

$$C_4H_{10} = C_2H_6 + C_2H_4 \tag{5.22}$$

$$C_2H_6 = CH_4 + C + H_2 \tag{5.23}$$

$$C_7H_{16} = \cdot C_5H_{11} + \cdot C_2H_5 \tag{5.24}$$

$$\cdot C_2H_5 = C_2H_4 + \cdot H \tag{5.25}$$

$$\cdot H + O_2 = O + \cdot OH \tag{5.26}$$

$$C_5H_{12} + O = \cdot OH + \cdot C_5H_{11} \tag{5.27}$$

$$\cdot C_5H_{11} + O_2 = C_5H_{10} + \cdot HO_2 \tag{5.28}$$

$$\cdot HO_2 = \cdot OH + O \tag{5.29}$$

$$H_2O + \cdot H = H_2 + \cdot OH \tag{5.30}$$

$$C_5H_{10} + \cdot H \xlongequal{\quad} \cdot C_5H_9 + \cdot H_2 \tag{5.31}$$

$$\cdot C_4H_3 + C_2H_2 \xlongequal{\quad} \cdot C_6H_5 \tag{5.32}$$

$$C + H_2O \xlongequal{\quad} CO + H_2 \tag{5.33}$$

$$2H_2 + O_2 \xlongequal{\quad} 2H_2O \tag{5.34}$$

$$2CO + O_2 \xlongequal{\quad} 2CO_2 \tag{5.35}$$

$$CO + \cdot OH \xlongequal{\quad} CO_2 + \cdot H \tag{5.36}$$

$$C + CO_2 \xlongequal{\quad} 2CO \tag{5.37}$$

反应式（5.22）~式（5.24）为燃油热分解过程，反应式（5.31）、式（5.32）为产生碳烟过程，反应式（5.34）~式（5.37）为消除积碳及碳烟过程。反应式（5.25）~式（5.30）产生活性基团·O、·H和·OH自由基，具有很强的反应能力，成为反应的活性中心，使新的化学反应得以进行。发动机燃料燃烧过程中产生许多中间产物和自由基，虽然它们存活的时间短，但是自由基是整个链式氧化反应的重要活性物质[191]，它能加速柴油分子燃前的链反应过程，从而缩短入缸柴油的滞燃期，当燃料进入燃烧室后，利于组织混合气燃烧，可以大幅度降低NO_x、CO等污染物的排放，提高燃料经济性。

5.1.3.2 “预处理”理论

协合催化材料活化空气产生大量的·O、·H和·OH自由基，活化燃油产生大量的自由基的同时使大分子变成小分子，一方面改善可燃物的组成，另一方面减少反应需要的热活化能，这些自由基具有很强的反应能力，成为反应的活性中心，使新的化学反应得以进行，加快反应进行，缩短在反应区的停留时间。

油的活化对节油减废的作用机理[192]如下：

(1) 油的活化减少了吸热反应，即燃烧预备阶段的能量，减少了活化能E_0，提高了燃烧速度。

活化能与反应速度的关系如下式：

$$K = AT^n \exp(-E/RT) \tag{5.38}$$

式中，A、R、n为常数；T为温度；E为活化能。当温度值一定时，反应速度K和活化能E的关系如下：

$$\mathrm{d}[\mathrm{fuel}]/\mathrm{d}t \propto \exp(-E/RT) \tag{5.39}$$

$$E = 126 \sim 203\mathrm{kJ/mol}$$

由以上分析可知，如果把活化能E减低1/2，燃烧反应速度K可提高1.6

倍。可减少反应需要的热活化能，加快反应速度，缩短反应区停留时间，即可提高燃烧效率，降低废气的排放量。

（2）提高燃烧速度并降低温度，减少了 NO_x 的生成量。

（3）自由基的强氧化作用使油充分燃烧，提高燃烧效率，减少 CO 的生成量。

（4）充分燃烧就提高热效率，提高功率，节省燃料。

5.2　协合催化材料改善柴油品质的实验表征

柴油机的有害排放物主要是颗粒物（排出的白烟、黑烟、蓝烟中除水汽以外均属于颗粒物），此外还有 CO、HC、NO_x 和 SO_2。研究证明，有害排放物的生成主要取决于三个方面，即发动机结构因素，使用因素和燃料性质。国内外就燃料性质对排放的影响进行了大量的实验研究。燃料成分和性质对排放产生很大影响，所以如何优化燃料性质，调配燃料成分对于改善柴油机的排放有着重要的意义。可以采取的技术措施有以下几种：提高燃料的十六烷值、降低柴油的表面张力、降低初馏点和90%馏出温度、降低密度、选择适当的黏度、减少正构烷烃和芳香烃的含量、控制燃料中的硫含量等[193~195]。据目前的资料报道，在燃料中掺加醇类、醚类、酯类等含氧的组分，可以改善排放。这类物质有乙二醇二乙基醚、二乙二醇二乙基醚、二甲基碳酸酯、甲醇、二甲基醚等。还有，在燃料中加入助燃消烟添加剂也具有一定的效果。不过，加入某种材料后，在减少排放污染物的同时，也相应地产生其他的问题，这还有待于进一步的研究。

协合催化材料活化柴油主要是通过 Th 发生 γ 衰变，释放出 γ 射线，引起光电离和化学变化，体系吸收能量后，在介质中形成能量较高、空间分布很不均匀的活性粒子（如激发的分子和离子），体系处于不稳定状态，它将通过能量转移等过程先建立热平衡。能量转移的结果形成稳定分子和不稳定粒种如自由基，它们将进一步变化（包括化学反应和扩散过程）达到化学平衡，从而体系重新建立热力学平衡。

从燃油物性角度来看，协合催化材料节能减废机理可用分子聚集与解聚理论来解释[196~198]，分子聚集理论认为：流体分子一般除以单分子形式存在以外，还有相当大的一部分分子结合成双聚体、三聚体和多聚体。聚集是流体分子所具有的普遍现象，即流体实际上是由单分子和聚集体分子所组成的混合物。以下为燃油聚集型 Van Der Wanls 方程：

$$P = \frac{JRT}{V - b} - \frac{\alpha a}{V^2} \tag{5.40}$$

由式（5.40）可以看出流体聚集度与体积、压力、温度和外力场均密切相关。任何结晶物或合成物皆有自身磁场，磁场由质子、中子和电子的整体运动生成。质子、中子和电子形成分子，不同的分子结构形成不同的物质，其磁场的稳定性决定于分子结构的稳定性。通常结晶体的分子结构最为稳定，磁场也最强。合成物的分子结构则较不稳定，其磁场强度亦不稳定。磁场间具有相吸和相斥作用，当磁场间相互吸引时，能量可以增加，当相斥时，则能量损失。燃油是按石油的不同燃点分离出来的，汽油、柴油、机油、甲醇、乙醇等全都是由石油的碳氢化合物构成的，只是分子的结构和燃点不同而已。高级的燃油，结构分子中游离分子少，使用效率高；低级的燃油，结构分子中游离分子多，使用效率低。

燃油是一种聚集性较强的物质，当其被协合材料活化后，形成一种化学活性较强的较简单的小聚集体，从而降低其有关的物性，如表面张力、黏度、密度、十六烷指数。另外这种燃油分子与氧分子接触，即可形成燃油分子与氧分子的新结合体。这种结合体中燃油分子与氧分子接触均匀，从而有利于燃烧反应。协合催化材料活化燃油后燃油理化性质的改变，分子结构的改变以及与空气接触状态的改善均有利于燃油的燃烧反应，从而达到雾化质量提高，燃烧排烟减少，环境污染降低的效果。

5.2.1 协合催化材料对柴油自由基的影响

有机分子在辐射化学过程中，键的断裂是无选择性的，故辐射产物是多种多样的，既有 H_2 和二聚体，也有各种自由基重合的产物和不饱和烃，还有·H、·OH、·O 等，因此柴油里的自由基不能具体确定是哪种自由基，只能证明活化后的柴油有自由基信号。

5.2.1.1 实验仪器及设备

自由基实验在中科院理化研究所 ESR（电子顺磁共振）实验室进行。

用瑞士产 Bruker ESP-300E 型 ESR 波谱仪测试柴油中自由基的变化。

ESR 波谱仪使用的参数范围为：

扫描场 3400~3550G；

微波功率 1.002e+0.01mW；

微波频率 9.8GHz；

增益 1.00e+0.05；

调制幅度 2.019G；

扫描时间 400s。

5.2.1.2　实验方法

自由基实验溶液的配置：

11μL 捕获剂 DMPO，1mL 溶剂正己烷，配制成 0.1mol/L 的 DMPO 溶液；量取 60μL DMPO 溶液，300μL 的柴油配制好后取样。

样品在无日光（磁场 200G），紫外（波长 355nm，磁场 200G）的条件下，比较协合催化材料活化的柴油与普通柴油产生活性自由基信号的变化。

5.2.1.3　实验结果

通过反复的实验，最终得出的结论是柴油与协合催化材料的比例是 5mL∶1g，柴油里的自由基的变化才比较明显，产生的自由基用电子自旋共振波谱（ESR）来进行定性的分析。

图 5.1 是普通柴油和协合催化材料作用的柴油在无日光照条件下产生的 ESR 波谱，ESR 波谱反映的是捕捉到柴油里自由基信号变化规律。

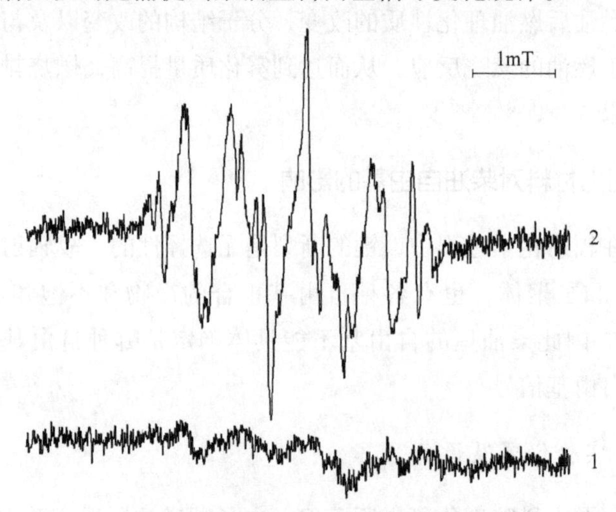

图 5.1　柴油无日光条件下的 ESR 波谱图
1—普通柴油；2—活化柴油

由图 5.1 可以看出，普通柴油在无日光照的条件下无自由基信号，而协合催化材料作用的柴油在无日光照的条件下有自由基信号。

5.2.2　协合催化材料对柴油物性的影响

柴油的理化指标有很多，如密度、表面张力、黏度、十六烷值、闪点和燃点等，而表面张力、密度、黏度、十六烷值都是影响柴油燃烧的主要因素，在这里就从这几个方面来研究协合催化材料对柴油所产生的效果。

5.2.2.1 协合催化材料对柴油温度、密度的影响

A 实验仪器及设备

SP-05 单支石油密度计：全组量程 0.82～0.84g/mL，分度值 0.0002g/mL，标温 20℃，全长 330mm。

JM222 温度计：天津今明仪器有限公司生产，测量范围-50～199.9℃，分辨率 0.1℃，传感器：硅半导体。

绝热装置：上海康捷保塑料制品有限公司生产。

烧杯：80mL。

B 实验方法

由于柴油的挥发性，因此将柴油装在密封的烧杯里，安装石油密度计和温度计。保持装置内温度 20℃，各量取 40mL 的 0 号普通柴油放在 80mL 的烧杯里，一个烧杯里维持原有的状态，在另外的一个烧杯里轻轻地放入 8g 协合催化材料，将两个烧杯放入装置里，使其进行充分的热交换，当两个烧杯的温度都达到 20℃时开始记录温度和密度的变化。

C 实验结果

从图 5.2 可以看出在同样条件下，经协合催化材料活化的柴油的温度比普通的柴油温度要高出 0～0.7℃；当材料作用于柴油 4h 后，效果才体现出来，作用 12h 后趋于平稳，柴油的温度不再发生变化。

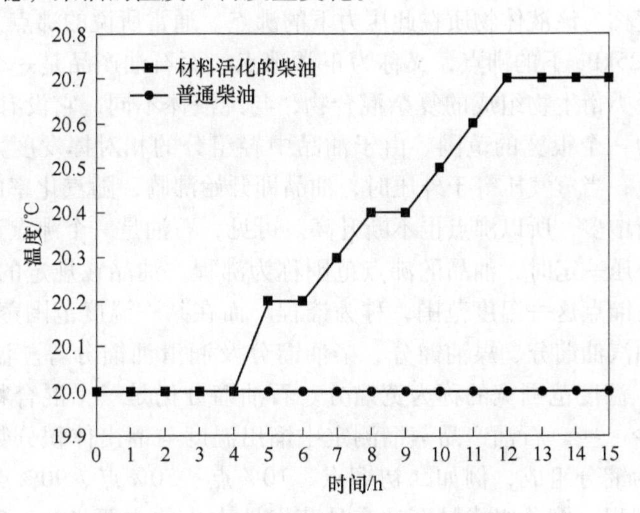

图 5.2 协合催化材料对柴油温度的影响

从图 5.3 可以看出，当材料作用于柴油 3h 后，效果就体现出来了。柴油经协合催化材料催化活化后密度变小，两者的密度差达到 1.5%，作用 12h 后趋于平稳，柴油的密度不再发生变化。

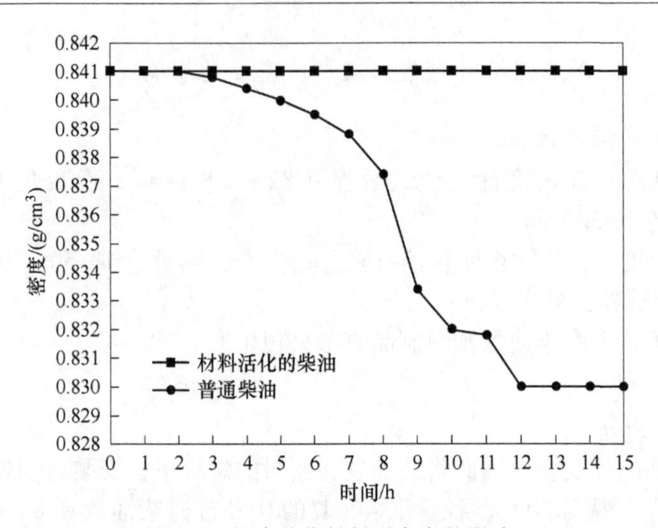

图 5.3 协合催化材料对密度的影响

5.2.2.2 协合催化材料对柴油十六烷指数的影响

由于试验条件的限制，用十六烷指数来表征。十六烷指数是表征柴油发火性能的好坏，十六烷指数越高，柴油容易自行发火。十六烷指数与50%馏出温度和柴油20℃的密度有关。对于纯液体在一定温度下具有恒定的蒸气压。温度越高，蒸气压越大。当饱和蒸气压与外界压力相等时，液体表面和内部同时出现汽化现象，这一温度称为该液体物质在此压力下的沸点。通常所说的沸点是液体物质在压力为101.325kPa下的沸点，又称为正常沸点。而石油产品是一个主要由多种烃类及少量烃类衍生物组成的复杂混合物，与纯液体不同，它没有恒定的沸点，其沸点表现为一个很宽的范围。由于油品中轻组分的相对挥发度大，加热蒸馏时，首先汽化，当蒸气压等于外压时，油品即开始沸腾，随汽化率的增大，油品中重组分逐渐增多，所以沸点也不断升高。可见，石油是一个沸点连续的多组分混合物。在外压一定时，油品的沸点范围称为沸程。油品在规定的条件下蒸馏，从初馏点到终馏点这一温度范围，称为馏程。而在某一温度范围蒸出的馏出物，称为馏分，如汽油馏分、煤油馏分、柴油馏分及润滑油馏分等。温度范围窄的称为窄馏分，温度范围宽的称为宽馏分。石油馏分仍是一个混合物，只是包含的组分相对少一些。石油产品蒸馏测定中馏出温度与馏出体积分数相对应的一组数据，称为馏分组成，例如，初馏点、10%点、50%点、90%点等，生产实际中常称为馏程。馏分组成是石油产品蒸发性大小的主要指标。50%馏出温度低，轻质馏分越多，蒸发越快，油气混合均匀，燃烧状态好，油耗少，柴油机的启动性能好。

采用《石油产品馏程测定法》（GB/T 255—1977），经协合催化材料作用的柴油的50%馏出温度下降了4℃，如表5.1所示，但是20℃的密度变化上面可以看出。采用《馏分燃料十六烷指数计算法》（GB/T 11139），由十六烷指数公式[199,200]：

$$CI = 431.29 - 1586.88\rho_{20} + 730.97(\rho_{20})^2 + 12.392(\rho_{20})^3 + 0.0515(\rho_{20})^4 - 0.554B + 97.803(\lg B)^2 \tag{5.41}$$

式中　CI——试样的十六烷指数；

ρ_{20}——试样在20℃的密度，g/mL；

B——试样50%馏出温度。

表5.1　50%馏出温度

柴油的种类	50%馏出温度/℃
普通柴油	268
材料活化的柴油	264

由式（5.41）计算得，普通柴油的十六烷指数为51，而用协合催化材料作用的柴油的十六烷指数为53。因此，协合催化材料能够增加柴油的十六烷指数值，增加轻质馏分，在较低的温度下便能自行发火燃烧。

车用柴油的馏程是保证其在发动机燃烧室迅速蒸发和燃烧的重要指标。为保证良好的低温启动性能，需要有一定的轻质馏分，保证蒸发快，油气混合均匀，燃烧状态好，油耗少。表5.2列出了车用柴油50%馏出温度与启动性能的关系。

表5.2　车用柴油50%馏出温度与启动性能的关系

车用柴油50%馏出温度/℃	发动机启动时间/s
220	8
225	10
250	27
275	60
285	90

但馏分组成过轻也不利，由于柴油机是压燃式发动机，馏分组成越轻，自燃点越高，则着火滞后期（即滞燃期）越长，致使所有喷入的燃料几乎同时燃烧，造成汽缸内压力猛烈上升而发生爆震现象。此外，过轻的馏分组成还会降低柴油的黏度，使润滑性能变差，油泵磨损加重。重馏分特别是碳链较长的烷烃自燃点低，容易燃烧，但馏分组成过重，汽化困难，燃烧不完全，不仅油耗增大，还易形成积炭，磨损发动机，缩短使用寿命。因此，我国车用柴油指标规定，50%馏

出温度不得高于 300℃，90%馏出温度不得高于 355℃，95%的馏出温度不得高于 365℃。

5.2.2.3 协合催化材料对柴油黏度的影响

黏度的表示方法分为动力黏度和恩氏黏度两种。动力黏度又称为绝对黏度，简称黏度，它是流体的理化性质之一，是衡量物质黏性大小的物理量。当流体在外力作用下运动时，相邻两层流体分子间存在的内摩擦力将阻滞流体的流动，这种特性称为流体的黏性。根据牛顿黏性定律，可以阐明黏度的定义。

$$F = \mu S \frac{dv}{dx} \tag{5.42}$$

式中 F——相邻两层流体作用对运动时产生的内摩擦力，N；

S——相邻两层流体的接触面积，m^2；

dv——相邻两层流体的相对运动速度，m/s；

$\frac{dv}{dx}$——在与流动方向垂直方向上的流体速度变化率，称为速度梯度，s^{-1}；

μ——流体的黏滞系数，又称动力黏度，Pa · s。

从式（5.42）可以看出，相邻两层流体做相对运动时，其内摩擦力的大小与摩擦面积和速度梯度成正比。黏滞系数 μ 是与流体性质有关的常数，流体的黏性越大，μ 值越大。因此，黏滞系数是衡量流体黏性大小的指标，称为动力黏度，简称黏度。其物理意义是：当两个面积为 $1m^2$，垂直距离为 1m 的相邻流体层，以 1m/s 的速度做相对运动时所产生的内摩擦力。符合牛顿黏性定律的流体称为牛顿型流体。试样在规定的条件下冷却，开始呈现雾状或浑浊时的最高温度，称为浊点。此时油品中出现了许多肉眼看不见的微小颗粒，因此不再呈现透明状。评价低温流动性能的指标有浊点、结晶点、冰点、倾点、凝点和冷滤点。大多数石油产品在浊点温度以上都属于牛顿型流体，均可由上式求取黏度。当液体石油产品在低温下有蜡析出时，流体性能变差，则变为非牛顿型流体。

某流体的动力黏度与该流体在同一温度和压力下的密度之比，称为该流体的运动黏度。

$$\nu_t = \frac{\mu_t}{\rho_t} \tag{5.43}$$

式中 ν_t——油品在温度 t 时的运动黏度，m^2/s；

μ_t——油品在温度 t 时的动力黏度，Pa · s；

ρ_t——油品在温度 t 时的密度，kg/m^3。

实际生产中常用 mm^2/s 作为油品质量指标中的运动黏度单位，1m/s = $10^6 mm^2/s$。

恩氏黏度，试样在规定温度下，从恩氏黏度计中流出200mL所需要的时间与该黏度计的水值之比称为恩氏黏度。其中水值是指20℃时从同一黏度计流出200mL蒸馏水所需的时间。

恩氏黏度的单位为条件度，用符号°E表示。

运动黏度与恩氏黏度可通过表换算。更高的黏度需按式换算：

$$E_t = 0.315\nu_t \tag{5.44}$$

式中 E_t——油品在温度 t 时的恩氏黏度，°E；

ν_t——油品在温度 t 时的运动黏度，m^2/s。

柴油质量标准中对黏度范围有明确的规定。运动黏度（20℃）10号、5号、0号、-10号为3.0~8.0mm^2/s；-20号2.5~8.0mm^2/s；-35号1.8~7.0mm^2/s；-50号1.8~7.0mm^2/s。

由于实验条件的限制，该实验是在40℃条件下进行的，采用品氏黏度计（标准号为ISO：3105—1976）进行试验，实验结果如表5.3所示，柴油经过材料活化后黏度有所下降，黏度降低了13%。

表5.3 油40℃时的黏度

柴油的种类	40℃时的黏度/$mm^2 \cdot s^{-1}$
普通柴油	2.92
材料活化的柴油	2.54

5.2.2.4 协合催化材料对柴油表面张力的影响

燃油表面张力是指燃油表面的分子在其内部分子的作用下趋于挤向燃油内部，使燃油表面表面积尽量缩小，结果在燃油表面的切线上有一种缩小的表面张力。实验采用气泡法测出，即利用燃油的毛吸现象，将已知直径为 d 的毛细管的一端刚好与油表面接触，在另一端用滴定法缓慢加压，当与油接触形成一个直径为 d 的泡时，毛细管内的空气介质压力为：

$$P = P_{atm} + P_f \tag{5.45}$$

$$P_f = \frac{f}{d} \tag{5.46}$$

式（5.46）中，P_f 为表面张力引起的附加压力，可由斜管压力计测定；f 为表面张力。

因此，可用以下公式计算得到燃油的表面张力。

$$f = P_f d \tag{5.47}$$

由表 5.4 数据结果可看出，燃油经过协合催化材料活化后表面张力有所降低，降低了 3.9%，表面张力降低有利于油的雾化，从而改善雾化质量。

表 5.4　协合催化材料对柴油张力的影响

柴油的种类	表面张力 σ/N · m^{-1}
普通柴油	0.0230
协合催化材料活化的柴油	0.0221

5.3　实验结果讨论

燃油的物性参数之间是互相联系的，除燃油的黏度关系式外，燃油的音速和压缩率关系都可通过密度关系式推导出来。因此燃油密度随压力和温度的经验公式是最重要的，其精度的高低直接影响到其他参数经验公式。

根据前人关于相似介质的经验公式，考虑到柴油机燃油本身的特性，燃油密度经验公式如下[199,201]：

$$\rho = \rho_0 \left[1 + \frac{0.69 \times 10^{-9} p}{1 + 3.23 \times 10^{-9} p} - \lambda_T (T - T_0) \right] \tag{5.48}$$

当 $\eta \leqslant 3\text{Pa} \cdot \text{s}$ 时，$\lambda_T = [10 - 1.813\lg(1000\eta)]/10^{-4}$；

当 $\eta > 3\text{Pa} \cdot \text{s}$ 时，$\lambda_T = [5 - 0.375\lg(1000\eta)]/10^{-4}$。

式中物理意义明确：其中的第 1 项表示常温常压下燃油的密度；第 2 项表示常温下压力增大时对密度的修正；第 3 项表示温度变化时对密度的修正，温度不同时压力修正的差别也在第 3 项中反映出来。

燃油的动力黏度与压力和温度的关系可用下式表示，称为 Roelands 黏压-黏温关系式

$$\eta = \eta_0 \exp\left\{ (\ln\eta_0 + 9.67) \left[(1 + 5.1 \times 10^{-9} p)^z \left(\frac{T - 138}{T_0 - 138} \right)^{-s} - 1 \right] \right\} \tag{5.49}$$

式中

$$z = \frac{a}{5.1 \times 10^{-9}(\ln\eta_0 + 9.67)}$$

$$s = \frac{\lambda(T_0 - 138)}{\ln\eta_0 + 9.67}$$

$$a = [0.612 + 0.984\lg(1000\eta_0)]/10^{-8}$$

$$\eta_0 = \rho_0\nu_0 = \rho_0 \times 10^{\frac{1.306\rho_0 - 1000}{1000 - \rho_0}}$$

a 和 λ 由试验得到，在缺乏数据时，通常取 $a=(1\sim3)\times10^6\mathrm{Pa}^{-1}$ 或按 Wooster 公式近似求得 $\lambda=(0.03\sim0.06)\mathrm{K}^{-1}$，可取中间值。

在协合催化材料制备的时候，使用 MnO_2 作为材料的着色剂，有效增加协合催化材料对远红外辐射作用，辐射效率达到了 0.9 以上，提高催化效果。红外光的能量小于或等于 1eV，当红外光作用于分子时，引起分子转动能级与振动能级的改变，从而发生光的吸收，产生红外吸收光谱。红外光能引起温度的变化。

在经过协合催化材料催化活化后，柴油吸收了材料的辐射能，一部分辐射能转化为热能，柴油的吸收剂量可表示为：

$$D = \frac{\mathrm{d}E_H}{\mathrm{d}m} \pm \frac{\mathrm{d}E_s}{\mathrm{d}m} \tag{5.50}$$

式中，$\mathrm{d}E_H$ 是辐射能转化成的热能；$\mathrm{d}E_s$ 是辐射能转化成非热能形式的能量；“+”为热盈余；“-”为热亏损。吸收剂量率定义为单位时间内的吸收剂量，它与吸收剂量的关系如下：

$$\dot{D} = \frac{\mathrm{d}D}{\mathrm{d}t} \tag{5.51}$$

实验是在密闭环境条件下进行的，稀土元素 Th 含量低的协合催化材料吸收剂量率也低，柴油的吸收剂量也低，对柴油的作用不明显。只有当吸收剂量达到一定的程度，材料对柴油的作用才表现出来。

式（5.50）中

$$\mathrm{d}E_H = c \cdot \mathrm{d}m \cdot \Delta T \tag{5.52}$$

因此，在协合催化材料辐射催化作用下，一部分辐射能转化为柴油的热能，引起柴油温度升高，提高了柴油的活性，柴油的活性增强，活化能发生变化。活化能可分为总反应活化能与基元反应活化能，只有基元反应的活化能才有明确的物理化学意义。从表面看，活化能反映了速率常数对温度的敏感性，但实质上却是能发生反应分子的平均能量高于反应物分子平均能量的数值。显然活化能的高低与反应的难易有关。化学反应的过程可以看成旧键断裂，新键生成的过程，所以活化能必然与键的离解能、反应热，以及与化学键性质有关的电离能、电子亲和势、摩尔极化度等有一定的联系。

微孔球粒状的协合催化材料辐射活化柴油的过程发生在柴油内部，且与柴油的接触面积较大，因此大部分的柴油被辐射，材料所产生的辐射能被柴油更好地吸收。协合催化材料发生 γ 衰变放出的 γ 射线是光子，光子传递给物质的分子或原子的同时，在物质中产生电子、离子和激发分子。它们将迅速通过化学键断裂，离子分离反应，产生自由基。柴油中的一些分子转化为活性粒子自由基，利于组织混合气燃烧，可以减少 NO_x、CO 等污染性气体的产生；活性分子增多，分子之间的运动加剧，柴油的温度上升，分子间作用力减小，分子间结合比较疏松，体积增加，密度减小，因此柴油的温度比普通柴油的温度高；密度减小。在这里只讨论温度变化时对密度的修正，$\rho_0 = 0.841\text{g/cm}^3$，$T_0 = 20℃$，由式（5.48）、式（5.49）得，当温度升高 0.7℃，密度变化 1.3%，与实际测得的结果基本相符。

由于燃油的物性参数之间是互相联系的，温度和密度的变化，其他的一些性质也发生变化如黏度相应减小；十六烷指数有所提高；表面张力下降。柴油的这些性质的改善有利于其完全燃烧，减少废气的排放，因此说明协合催化材料能够活化柴油，改善柴油的燃烧品质，达到减少废气和节省燃油的目的。

5.4　本章小结

（1）通过 ESR 波谱分析，柴油中的一些分子转化为活性粒子自由基，利于组织混合气燃烧，可以减少 NO_x、CO 等污染性气体的产生。

（2）“预处理”理论：在空气和燃油进入燃烧室之前，在协合催化材料的协合作用下，空气和柴油中产生大量的电子、离子、原子和自由基。由于自由基的存在一方面可燃混合组成得到改变，混合物中小分子数增多，另一方面自由基具有很强的反应能力，成为反应的活性中心，使新的化学反应得以进行，加快反应进行，缩短在反应区的停留时间。因此，将这个过程定义为“预处理”，“预处理”分为活化空气和活化燃油。

（3）活性分子增多，分子之间的运动加剧，柴油的温度上升，分子间作用力减小，分子间结合比较疏松，体积增加，密度减小，因此柴油的温度比普通柴油的温度高 0.7℃；密度减小 1.5%。

（4）通过测定和分析，经过协合催化材料活化的柴油，黏度相应减小约13%。

（5）通过测定和分析，经过协合催化材料活化的柴油，十六烷指数有所提高。

（6）通过测定和分析，经过协合催化材料活化的柴油，表面张力降低了3.9%。

（7）由以上结论可知，协合催化材料活化了柴油，柴油在无日光照的条件下有自由基产生，改变燃油的组成，燃油的小分子数增加，同时柴油的一些物性也发生了变化，有利于燃油完全燃烧。

6　结论及展望

6.1　结论

光催化材料、离子材料在环保领域得到应用，但是其催化效果不很明显，为了提高其效果，本文研究了具有活化空气、活化油的协合催化材料，它是集光催化、离子催化、辐射催化为一体的新型功能材料；制备了适用于内燃机使用的催化活化油和空气的协合催化多孔陶瓷材料，并对催化活化效果在燃油改性和内燃机节能减废方面的应用进行了试验研究，得出如下结论：

（1）采用溶胶-凝胶法制备出稀土掺杂纳米 TiO_2 溶胶，再与电气石粉体复合经过凝胶化、干燥、煅烧等过程制备出协合催化粉体，通过 X 射线衍射、扫描电镜等手段分析了协合催化粉体，在稀土氧化物或稀土盐的作用下电气石颗粒分散较好，有利于提高产生空气负离子的能力；纳米 TiO_2 颗粒比较均匀的复合在电气石颗粒表面，有利于产生电子-空穴对分离，提高量子效率，从而提高光催化的活性，避免纳米材料的团聚问题。

（2）以协合催化粉体与稀土废渣（ThO_2 含量为 0.5%）为主要原料制备出协合催化材料，由于协合催化材料中含有纳米 TiO_2、电气石和放射性元素钍（Th），因此该材料是集光催化、离子催化、辐射催化为一体的新型功能材料。采用电子自旋共振表征了协合催化材料的催化性能，对长期低能辐射催化的安全性进行了初步探讨，提出了放射材料的安全使用量及安全距离。

（3）模拟自然界光合作用提出协合催化材料协合催化作用模型。协合催化材料中的稀土废渣（含有放射性元素 Th）和多种变价金属离子，使得这种材料在辐射能作用下，在无日光的条件下，电子—自由基—分子之间存在一个长期循环的过程，循环的效率和产生负离子的量取决于金属离子的氧化-还原电位即变价的难易程度。协合催化材料不仅解决了光催化反应量子效率低和太阳能利用率低的问题，而且使得材料具有活化空气、活化油等功能。

（4）将协合催化材料应用在发动机上，通过在小型柴油机、大型内燃机车上的试验表明柴油的油耗有所降低，同时废气的排放下降得也较明显。

（5）“预处理”理论：在空气和燃油进入燃烧室之前，在协合催化材料的协合作用下，空气和柴油中产生大量的电子、离子、原子和自由基。由于自由基的存在一方面可燃混合组成得到改变，混合物中小分子数增多，另一方面自由基具有很强的反应能力，成为反应的活性中心，使新的化学反应得以进行，加快反应进行，缩短在反应区的停留时间。因此，将这个过程定义为“预处理”，“预处理”分为活化空气和活化燃油。

（6）将协合催化材料应用在燃油改性方面，试验结果表明协合催化材料对柴油具有一定的激活作用，柴油的一些性质发生改变。ESR波谱分析结果表明，柴油中的一些分子转化为活性粒子自由基，使柴油的活性分子增多，加速柴油分子燃前的链反应过程，从而缩短入缸柴油的滞燃期；同时自由基有利于组织混合气燃烧，可以减少 NO_x、CO 等污染性气体的产生。活性分子增多，分子之间的运动加剧，柴油的温度上升，分子间作用力减小，分子间结合比较疏松，体积增加，密度减小，因此柴油的温度比普通柴油的温度高 0.7℃；密度减小 1.5%；黏度相应减小约 13%；十六烷指数有所提高；表面张力下降了 3.9%。而这些都是影响柴油燃烧的主要因素，在发动机进油口处安装协合催化材料就可使喷入缸内的柴油实现迅速而完全的燃烧，使燃料的化学能充分转化为热能，而燃气又能膨胀得更充分，因此扭矩增大，功率提高，排温降低，同量的燃油发出更大功率，其油耗率降低了。

6.2 展望

光子、离子协合催化材料在各类环境下电场效应与自发极化效应的增强机理以及电气石性能的内部与外部影响因素还需更进一步深入探究，其可应用于水污染处理、空气污染处理和医疗与保健。

（1）水污染处理：协合催化材料中的电气石晶体的自发极化效应使其能在表面厚度约几十微米范围内产生 $10^4 \sim 10^7$V/m 的静电场。在静电场的作用下，水分子发生电解生成活性分子 H_3O^+，H_3O^+极强的界面活性使电气石晶体具有净化水源、改善水体自然环境的功能。

（2）空气污染处理：协合催化材料中的电气石晶体的自发极化效应，使晶体周围的水分子电解生成空气负离子，空气负离子具有表面活性、还原性及吸附性。同时，当晶体内部分子做热运动时，相应的偶极矩发生变化，因而该材料有助于净化空气、改善环境质量等。

(3) 医疗与保健：生态环境污染，饮食的贫化及西药副作用等引起人体中毒垢的积累，为了治病，防病健康养生，首先是消毒，排毒。

为此，在健康养生、健康智能水的基础上，用量子技术、酵素技术的新成果，研制量子离子水和酵素相协合的排毒/养生催化液（水），既能消毒，防毒，解毒，排毒，又能补充各种营养素，促进代谢的催化作用，代谢本身就是排毒，又是养生。

参考文献

［1］http：//www.chyxx.com/industry/201706/531388.html.

［2］http：//www.chinaidr.com/tradenews/2018-04/119419.html.

［3］雷雨薇．浅谈汽车尾气的污染与控制技术［J］．科技展望，2015（27）：53.

［4］王旭，杜安奎，张志磊，等．浅谈汽车尾气的危害、检测及防治技术［J］．化工管理，2014（3）：212.

［5］甘星星．浅谈汽车尾气排放问题及节能减排的方法［J］．内燃机与配件，2018（1）：254~255.

［6］马从兵．柴油机发展适应环保要求［J］．汽车与配件，1999，28：5~7.

［7］刘巽俊．谈减轻我国汽车发动机排气污染的实用技术［J］．汽车技术，1997，2：51~55.

［8］吴卓键．柴油发动机燃用生物柴油的燃烧特性与排放特性研究［D］．重庆交通大学，2011.

［9］国家环保局大气处．汽车对大气的污染及其控制［M］．北京：气象出版社，1988：52~57.

［10］蒋德明，阎小俊．面向21世纪的高速重载直喷式柴油机的新技术［J］．车用发动机，1999，5：1~6.

［11］陈绪平，顾维东，刘斌．喷油参数对直喷发动机性能影响的试验研究［J］．小型内燃机与车辆技术，2018，1：8~11.

［12］张世鹰，葛蕴珊，周磊．直喷式柴油机排放性能仿真研究［J］．北京理工大学学报，2005，25，8：674~678.

［13］陈京瑞，霍柏琦，刘宗鑫，等．直喷式柴油机准维多区燃烧模型最新技术发展［J］．小型内燃机与车辆技术，2017，6：71~76.

［14］孟宪晴，徐莉．柴油机活塞环闭口间隙对拉缸的影响［J］．装备制造技术，2017，3：192~193.

［15］吴建财，钱超，邹建．轨压与喷油提前角对柴油机 NO_x 排放和烟度的影响［J］．内燃机，2017（3）：34~37.

［16］房海滨．内燃机车柴油机常见故障及处理方法［J］．科学技术创新，2017，13：119.

［17］朱灵峰，徐翠莲，吴生林，等．CZF-A型乳化柴油的试验研究［J］．河南师范大学学报，1997，25（3）：48~51.

［18］A. E. Malinowski，J. Chimie. Physique（U. S. S. R），1924，21：469.

［19］H. F. Calocate，R. N. Pease，Ind. Engng Chem. Ind，Edn. 1951，43（1）：2726~2732.

［20］吉巅国雄．公开特许公报．JP昭48-88102. 1973.

［21］Yuukichi Asakawa. Nature，1976，361（1557）：220~221.

［22］浅川勇吉．伝熱研究，1987，26（101）：134~139.

［23］Fujita，et al. 27th Symp.（Int）on Combustion，1998.

［24］T. Watanabe（Kurume-shi，Fukuoka-ken 839-0853）US 6，200，537 B1，2001.

［25］Los Alamos National Laboratory，M. M.，News Release，Plasma Combustion Technology Could Dramatically Improve Fuel Efficiency，2003.

[26] 李仙粉，任福民，许兆义．环烷酸铈消烟助燃剂改善内燃机有害排放的研究 [J]. 中国稀土学报，2003，21（3）：29~31.
[27] 于工化．高效环保节油器．中国．实用新型．ZL02257226.0，2003-12-17.
[28] 程哲生．国外减少柴油车尾气污染技术的新进展 [J]. 石油化工动态，1998，6（6）：35~42.
[29] 孔令文．燃料的组成及理化性质对排放的影响 [J]. 汽车与驾驶维修（维修版），2018，（2）.
[30] 司鹏鹍，刘海峰，王海，等．燃料理化特性对柴油机低温燃烧过程及排放特性的影响 [J]. 内燃机学报，2014（1）：6~13.
[31] 黄震，李新令，吕田，等．燃料特性对柴油机排放颗粒物理化特性影响的研究 [J]. 内燃机学报，2016（2）：97~104.
[32] 侯树梅，刘海峰，郑尊清，等．燃料理化特性对柴油机燃烧和排放影响 [J]. 内燃机学报，2016（6）：5~13.
[33] 乔莉．我国汽、柴油清洁化进程的探讨 [J]. 石油化工高等学校学报，2001，14（3）：40~44.
[34] 钱伯章．提高柴油质量减少汽车排气污染 [J]. 石油化工环境保护，1997，（4）：25~30.
[35] 胡志海，石玉林，史建文，等．劣质催化裂化柴油加氢改质技术的开发及工业应用 [J]. 石油炼制与化工，2000，31（9）：6~9.
[36] 孟勇新，任亮，董松涛，等．柴油加氢改质降凝技术的开发及工业应用 [J]. 石油炼制与化工，2017（4）：39~43.
[37] 蔡进军，张小奇，向永生，等．生产超低硫的催化裂化汽油加氢改质技术 [J]. 石化技术与应用，2014，32（6）：451~456.
[38] 日本太空素材株式会社，B.E 节油净化器环保产品说明书，1995，8：20.
[39] 福建省环境监测中心站，B.E 节油净化器监测报告，1997，1：20.
[40] 福建省汽车联合研究所，B.E 节油净化器性能试验报告，1997，1：30.
[41] 郝瀚，陈康达，刘宗巍，等．美国2030年节能与新能源技术发展预测 [J]. 汽车技术，2018（2）：1~9.
[42] 韩会成，郭景才．改善柴油机排放措施 [J]. 农机使用与维修，2006（5）：32.
[43] 郏国中，贾振华．基于改善柴油机排放的燃烧过程优化措施 [J]. 汽车实用技术，2011（5）：17~20.
[44] 佟长宇，徐信峰，周海松．柴油机排放性能优化措施探究 [J]. 现代商贸工业，2014，26（12）：189~190.
[45] 翁端，李振宏，吴晓东，等．稀土在汽车尾气净化器中的作用 [J]. 稀土，2001，22（5）：55~58.
[46] 夏耀勤，王敬生．汽车尾气催化剂的应用和展望 [J]. 汽车工艺与材料，2000，1：27~30.
[47] 余林，宋一兵，郝志峰，等．稀土基汽车尾气催化剂的催化活性研究 [J]. 宁夏大学学报（自然版），2001，22（2）：195~196.

[48] 陈耀强，林涛，赵明，等．柴油车尾气净化催化剂研究进展．全国稀土催化学术会议，2011.
[49] 吴建波，王树植．柴油车尾气净化 NO_x 催化剂的研究进展［J］. 炼油与化工，2014（1）：4~6.
[50] 徐龙华．柴油车尾气微粒消除的新型催化剂研究［J］. 中国机械，2013（13）：35.
[51] 李权，刘焕荣．柴油车尾气处理催化剂的研究现状［J］. 山东化工，2016，45（21）：176~177.
[52] 林河成．我国稀土的生产、应用及市场［J］. 稀土，2000，21（1）：72~78.
[53] Fujishima A，Honda K. Electrochemical Photolysis of Water at a Semiconductor Electrode［J］. Nature，1972，238（5358）：37~38.
[54] Chandra S. Recent Trends in High Efficiency Photo-Electrochemical Solar Cell Using Dye-Sensitised Photo-Electrodes and Ionic Liquid Based Redox Electrolytes［J］. Proceedings of the National Academy of Sciences India，2012，82（1）：5~19.
[55] Chang X，Gondal M A，Yamani Z H A，et al. Bismuth（V）-Containing Semiconductor Compounds and Applications in Heterogeneous Photocatalysis，2013.
[56] Carey J H，Oliver B G. Intensity effects in the electrochemical photolysis of water at the TiO_2 electrode［J］. Nature，1976，259（5544）：554~556.
[57] Asahi R，Morikawa T，Ohwaki T，et al. Visible-light photocatalysis in nitrogen-doped titanium oxides［J］. Science，2001，293（5528）：269~271.
[58] 王俊鹏．半导体材料的能带调控及其光催化性能的研究［D］. 山东大学，2013.
[59] 王莉莉．金属-半导体复合纳米材料的设计、合成及其光催化性能研究［D］. 中国科学技术大学，2016.
[60] 李娣．几种半导体光催化剂的制备及光催化性能研究［D］. 南开大学，2014.
[61] 陈丰，陈晓，耿丽娟，等. CdS 复合光催化材料的研究进展［J］. 功能材料，2018，49（1）：1009~1016.
[62] 贺飞，唐怀军，赵文宽，等．纳米 TiO_2 光催化剂负载技术研究［J］. 环境污染治理技术与设备，2001，2（2）：47~58.
[63] 张水梅，杨岳，高金凤，等．纳米 TiO_2 光催化剂的合成及负载技术研究进展［J］. 广州化工，2017（12）：17~19.
[64] 罗东卫，程永清，秦华宇．纳米 TiO_2 光催化剂固定化技术研究进展［J］. 工业催化，2009，17（6）：7~12.
[65] Jacoby W，Mblake D，Penned J，et al. Heterogeneous Photocatalysis for Control of Volatile Organic Compounds in Indoor Air［J］. Air Repair，1996，46（9）：891~898.
[66] 颜学武．多波段光催化协合催化材料［D］. 北京：中国建筑材料科学研究院，2004.
[67] 蔡乃才，王亚平．负载型 Pt-TiO_2 光催化剂的研究［J］. 催化学报，1999，20（2）：177~180.
[68] 姚秉华，马占营，钮金芬，等．漂浮型负载 Pt（Ⅳ）-TiO_2-FP 可见光催化剂制备及其性能［C］. 全国环境催化与环境材料学术会议，2009.
[69] 张顺利，金振声，冯良波，等. $\dot{O}_2^-$ 在 CdS 表面复合氧化物层中的积聚及其对 Pt/CdS

(T) 光催化活性的影响 [J]. 催化学报, 1999, V20 (3): 333~337.

[70] 傅希贤, 杨秋华, 白树林, 等. 钙钛矿型氧化物 $LaFeO_3$ 光催化活性的研究 [J]. 化学工业与工程, 1999, 16 (6): 316~319.

[71] 徐科, 张朝平. 钙钛矿型 $LaFeO_3$ 纳米材料光催化氧化 NO_2 的研究 [J]. 中国稀土学报, 2007, 25 (s1).

[72] 牛新书, 楚慧慧, 李素娟, 等. Zn 掺杂的 $LaFeO_3$ 纳米晶的制备及其光催化活性研究 [J]. 中国稀土学报, 2010, 28 (5): 549~552.

[73] Wang G X, Lu M, Hou Z H, et al. Photo-induced atom transfer radical polymerization in ionic liquid [J]. Journal of Polymer Research, 2015, 22 (4): 60.

[74] Zhang X, Man L, Li Y, et al. Engineering cell microenvironment using novel functional hydrogels [J]. European Polymer Journal, 2015, 72: 590~601.

[75] Li Y, Hu Z, Liu S, et al. Comparison of the preparation methods for a highly efficient CuO/TiO_2 photocatalyst for hydrogen generation from water [J]. Reaction Kinetics Mechanisms & Catalysis, 2014, 112 (2): 559~572.

[76] 付贤智. 多相光催化在环境污染治理应用中的关键基础问题研究. 2000 年全国光催化学术会议 (NCP-2000) 会议论文集, 19.

[77] 冀志江. 电气石自极化及应用基础研究 [D]. 北京: 中国建筑材料科学研究院, 2003.

[78] 韦振东. 半导体修饰 TiO_2 纳米纤维与光催化应用 [D]. 湖南大学, 2014.

[79] 孟晓东. TiO_2、Cu_2O 光催化材料的微结构调控及性能研究 [D]. 山东大学, 2014.

[80] 凌丽丽, 刘龙飞, 冯亚伟, 等. 具有高光催化活性的介孔单晶 TiO_2 薄膜的制备 [J]. 催化学报, 2018, 39 (4): 639~645.

[81] 钟炳伟, 胡凯凯, 董烨, 等. 钛铁矿制备二氧化钛-四氧化三铁复合材料及其光催化应用 [J]. 化学通报, 2018, 81 (7).

[82] 李跃军, 曹铁平, 梅泽民, 等. Ce 掺杂 Bi_2MoO_6/TiO_2 纳米纤维异质结的制备及可见光催化性能 [J]. 无机化学学报, 2018 (4).

[83] 大肋健史, 森川健志, 青木恒勇, 等. 室素ドープ可视光应答型光触媒 [J]. 工业材料, 2002, 50 (7): 36~39.

[84] Serpone N, Lawless D, Disdier J, et al. Spectroscopic, photoconductivity, and photocatalytic studies of TiO_2 colloids. Naked and with the lattice doped with Cr^{3+}, Fe^{3+}, V^{5+} cations [J]. Langmuir, 1994, 10 (3): 643~652.

[85] Jesudoss S K, Vijaya J J, Selvam N C S, et al. Effects of Ba doping on structural, morphological, optical, and photocatalytic properties of self-assembled ZnO nanospheres [J]. Clean Technologies & Environmental Policy, 2016, 18 (3): 729~741.

[86] Kuchařík J, Sopha H, Krbal M, et al. Photoconductive, dielectric and percolation properties of anodic TiO_2 nanotubes studied by terahertz spectroscopy. Journal of Physics D Applied Physics, 2017, 51 (1).

[87] 梁金生, 金宗哲, 王静, 等. 环境净化功能 (Ce, Ag)/TiO_2 纳米材料表面能带结构的研究 [J]. 硅酸盐学报, 2001, 29 (5): 498~502.

[88] Kumar S, Allen P. Heterogeneous photocatalytic oxidation of nitrotoluenes [J]. Wat. Envi-

ron. ReS., 1997, 69: 1238~1245.

[89] José Fenoll, Encarnación Ruiz, Pilar Hellín, et al. Heterogeneous photocatalytic oxidation of cyprodinil and fludioxonil in leaching water under solar irradiation [J]. Chemosphere, 2011, 85 (8): 1262~1268.

[90] Pal B, Hata T, Goto K, et al. Photocatalytic degradation of o-cresol sensitized by iron-titania binary photocatalysts [J]. Journal of Molecular Catalysis A Chemical, 2001, 169 (1): 147~155.

[91] Khataee A R, Kasiri M B. Photocatalytic degradation of organic dyes in the presence of nanostructured titanium dioxide: Influence of the chemical structure of dyes [J]. Journal of Molecular Catalysis A Chemical, 2010, 328 (1): 8~26.

[92] Ayoubi-Feiz B, Aber S, Khataee A, et al. Preparation and application of α-Fe_2O_3/TiO_2/activated charcoal plate nanocomposite as an electrode for electrosorption-assisted visible light photoelectrocatalytic process [J]. Journal of Molecular Catalysis A Chemical, 2014, 395: 440~448.

[93] 陈中颖，余刚，张彭义，等. 碳黑改性 TiO_2 薄膜光催化剂的结构性质 [J]. 环境科学, 2002, 23 (2): 55~59.

[94] 崔光，夏凤金，陈一鸣，等. Fe 掺杂改性 TiO_2 光催化膜的性能 [J]. 北京信息科技大学学报（自然科学版）, 2014 (4): 6~9.

[95] 高凤全. TiO_2 薄膜的制备、改性及其光催化性能研究 [D]. 南京理工大学, 2015.

[96] Choi W, Termin A, Hoffmann M R. The Role of Metal Ion Dopants in Quantum-Sized TiO_2: Correlation Between Photoreactivity and Charge Carrier Recombination Dynamics [J]. Journal of Physical Chemistry, 1994, 98 (51): 13669~13679.

[97] Li Q Y, Zhang J W, Jin Z S, et al. A novel TiO_2 with a large amount of bulk intrinsic defects-Visible-light-responded photocatalytic activity induced by foreign trap [J]. Chinese Science Bulletin, 2013, 58 (14): 1675~1681.

[98] Westrich T A, Dahlberg K A, Kaviany M, et al. High-Temperature Photocatalytic Ethylene Oxidation over TiO_2 [J]. Journal of Physical Chemistry C, 2011, 115 (33): 16537~16543.

[99] 高远，徐安武，祝静艳，等. RE/TiO_2 用于 NO_2 光催化的研究 [J]. 催化学报, 2001, 22 (1): 53~56.

[100] Li X Z, Li F B. Study of Au/Au^{3+}-TiO_2 photocatalysts toward visible photo-oxidation for water and wastewater treatment [J]. Environ. Sci. Technol., 2001, 35: 2381~2387.

[101] Ismail A A, Bahnemann D W. Synthesis of TiO_2/Au Nanocomposites via Sol-Gel Process for Photooxidation of Methanol [J]. Journal of Advanced Oxidation Technologies, 2016, 12 (1): 9~15.

[102] Yang K, Liu J, Ruiru S I, et al. Comparative study of Au/TiO_2 and Au/Al_2O_3 for oxidizing CO in the presence of H_2 under visible light irradiation [J]. Journal of Catalysis, 2014, 317: 229~239.

[103] Reddy D R, Dinesh G K, Anandan S, et al. Sonophotocatalytic treatment of Naphthol Blue

Black dye and real textile wastewater using synthesized Fe doped TiO_2 [J]. Chemical Engineering and Processing: Process Intensification, 2016, 99: 10~18.

[104] 孙振世，陈英旭，杨晔. Pt/TiO_2 膜光催化氧化降解高聚物的研究 [J]. 太阳能学报，2001，22 (1)：87~90.

[105] Chen H, An T C, Fang Y J, et al. Photocatalytic oxidation of aromatic aldehydes with Co (Ⅱ) tetra- (benzoyloxyphenyl) porphyrin and molecular oxygen (SCI) [J]. Journal of Molecular Catalysis a-Chemical, 1999, 147 (1~2): 165~172.

[106] Mehrabi-Kalajahi S S, Hajimohammadi M, Safari N. Selective photocatalytic oxidation of alcohols to corresponding aldehydes in solvent-free conditions using porphyrin sensitizers [J]. Journal of the Iranian Chemical Society, 2016, 13 (6): 1069~1076.

[107] 邓南圣，刘筱红，吴峰，等. 酞菁类复合催化剂对染料橙黄Ⅱ水溶液的光催化脱色研究 [J]. 环境科学学报，2001 (S1)：117~120.

[108] 卢声. $H_3PW_{12}O_{40}/SiO_2$ 复合物对染料废水的光催化降解作用 [J]. 化学世界，2011，52 (5)：286~288.

[109] 王硕. FePc-TiO_2 与 PVDF 膜耦合处理染料废水 [D]. 大连理工大学，2016.

[110] Karthikeyan J, Berndt C C, Tikkanen J, et al. Preparation of nanophase materials by thermal spray processing of liquid precursors. Nanostructured Materials, 1997, 9 (1~8): 137~140.

[111] 陈德明，王亭杰，雨山江，等. 纳米 TiO_2 的性能、应用及制备方法 [J]. 工程材料，2002，234：42~47.

[112] 孔书益. 复合型纳米 TiO_2/SnO_2 催化剂的制备及其光催化性能研究 [D]. 浙江工业大学，2011.

[113] 肖苏华，张静娴，张文华. 应用于3D打印的聚乳酸/纳米 TiO_2 复合材料制备及力学性能研究 [J]. 塑性工程学报，2017 (3).

[114] 杨续杰，刘孝恒，张梅，等. 纳米 TiO_2 的制备、醋酸改性及催化性能研究 [J]. 材料导报，2002，16 (12)：74~76.

[115] Tomkiewicz M. Scaling properties in photocatalysis [J]. Catal. Today, 2000, 58: 115~123.

[116] 高濂，郑珊，张青红. 纳米氧化钛光催化材料及应用 [M]. 北京：化学工业出版社，2002：25~35.

[117] Ulyankina A, Leontyev I, Avramenko M, et al. Large-scale synthesis of ZnO nanostructures by pulse electrochemical method and their photocatalytic properties [J]. Materials Science in Semiconductor Processing, 2018, 76: 7~13.

[118] Mahmoud M H H, Ismail A A, Sanad M M S. Developing a cost-effective synthesis of active iron oxide doped titania photocatalysts loaded with palladium, platinum or silver nanoparticles [J]. Chemical Engineering Journal, 2012, 187 (none): 96~103.

[119] Bonamali P, Tomohiro H, Kouichi G, et al. Photocatalytic degradation of o-cresol sensitized by iron-titania binary photocatalysts [J]. J. Mol. Catal. A: Chem., 2001, 169: 147~155.

[120] Choi W, Termin A, Hoffmann M R. The Role of Metal Ion Dopants in Quantum-Sized TiO_2: Correlation between Photoreactivity and Charge Carrier Recombination Dynamics [J]. J. Phys. Chem., 1994, 98 (51): 13669~13679.

[121] Cui H T, Hong G Y, Wu X Y, et al. Silicon dioxide coating of CeO_2 nanoparticles by solid state reaction at room temperature [J]. Materials Research Bulletin, 2002, 37 (13): 2155~2163.

[122] Niu G, Hildebrandt E, Schubert M A, et al. Oxygen Vacancy Induced Room Temperature Ferromagnetism in Pr-Doped CeO_2 Thin Films on Silicon [J]. ACS Applied Materials & Interfaces, 2014, 6 (20): 17496~17505.

[123] Doi M, Sara S, Miyafuji H, et al. Development of carbonized TiO_2-woody composites for environmental clearing [J]. Materia Sci. Res. Int., 2000, 6 (1): 615~621.

[124] Kumar A, Jain A K. Photophysics and photochemistry of colloidal CdS-TiO_2 coupled. Semiconductors-Photocatalytic oxidation of indole [J]. J. Mol. Catal. A: Chemical., 2001, 165: 267~275.

[125] Kozlova E A, Kozhevnikova N S, Cherepanova S V, et al. Photocatalytic oxidation of ethanol vapors under visible light on CdS-TiO_2 nanocatalyst [J]. Journal of Photochemistry and Photobiology A: Chemistry, 2012, 250: 103~109.

[126] 彭峰，任艳群. TiO_2-SnO_2 复合纳米膜的制备及其光催化降解甲苯的活性 [J]. 催化学报，2003，24 (4)：243~247.

[127] Linsebigler A L, Lu G, Yates J T. Photocatalysis on TiO_2 surfaces: principles, mechanisms, and selected results [J]. Chem. Rev., 1995, 95 (3): 735~758.

[128] Fu X, Zeltner W A, Anderson M A. Applications in photocatalytic purification of air [J]. Studies in Surface Science & Catalysis, 1997, 103 (97): 445~461.

[129] Tudose I V, Suchea M. ZnO for photocatalytic air purification applications [C]. Science & Engineering Conference Series. Materials Science and Engineering Conference Series, 2016.

[130] Vinodgopal K, Stafford U, Gray K A. Radiolytic and TiO_2 assisted photocatalytic degradation of 4-chlorophenol [J]. A comparative study. J. Phys. Chem., 1994, 98: 6797~6799.

[131] 黄行九，叶刚，王连超，等. 空气电极改性 TiO_2 光催化剂的研究 [J]. 高等学校化学学报，2003，24 (8)：1459~1463.

[132] 郑宜，付贤智，李旦振. C_2H_4 的微波场助气相光催化氧化 [J]. 高等学校化学学报，2001，22 (3)：443~445.

[133] Vinodgopal K, Kamat P V. Enhanced Rates of Photocatalytic Degradation of an Azo Dye Using SnO_2/TiO_2 Coupled Semiconductor Thin Films [J]. Environmental Science & Technology, 1995, 29 (3): 841~845.

[134] 邓南圣，吴峰. 环境光化学 [M]. 北京：化学工业出版社，2003.

[135] 王涵慧，俞稼镛，罗南义. 超声对多相光催化光解 H_2S 作用的初步探讨 [J]. 感光科学与光化学，1998，16：182~185.

[136] 范崇政，肖建平，丁延伟. 纳米 TiO_2 的制备与光催化反应研究进展 [J]. 科学通报，2001，46 (4)：265~273.

[137] 李安伯. 空气离子研究近况 [J]. 中华理疗杂志，1988 (2)：100~104.

[138] 李少宁，韩淑伟，商天余，等. 空气负离子监测与评价的国内外研究进展 [J]. 安徽农业科学，2009，37 (8)：3736~3738.

[139] HÃµrrak U, Salm J, Tammet H. Statistical characterization of air ion mobility spectra at Tahkuse Observatory: Classification of air ions [J]. Journal of Geophysical Research Atmospheres, 2000, 105 (D7): 9291~9302.

[140] Seo Y T, Lee K N, Jang K J, et al. Negative ions detection in air using nano field-effect-transistor (nanoFET) [J]. Micro and Nano Systems Letters, 2014, 2 (1): 7.

[141] 李安伯，李志民. 大自然中空气离子 [J]. 大自然探索，1988, 7 (26): 39~45.

[142] 王薇，余庄. 中国城市环境中空气负离子研究进展 [J]. 生态环境学报，2013 (4): 705~711.

[143] Kellogg E W. Air ions: Their possible biological significance and effects [J]. J Bioelectricity 3 (1&2), 1984: 119~136.

[144] Kubo T. Interface Activity of Water Given Rise by Tourmaline [J]. Solid State Physics, 1989, 24 (12): 15~18.

[145] Nakamura T, Kubo T. Tourmaline group crystals reaction with water [J]. Ferroelectrics 1992, 137: 13~31.

[146] Nakamura T, Fujishira K, Kubo T, et al. Tourmaline and lithium niobate reaction with water [J]. Ferroelectrics, 1994, 155: 207~212.

[147] Nishi Y, Yazawa A, Oguri K, Kanazaki F, Kaneko T. PH self-controlling induced by tourmaline, J. Intell. Mater. Syst. Struct. 1996, 7: 260~263.

[148] Hiroaki Shishido, Taiki Ueda, et al. A de haas-van alphen experiment under pressure on $CeCoIn_5$: deviation from the quantum critical region [J]. Journal of physics: condensed matter, 2003, 15: 499~504.

[149] Miki Yagi, Yosuke Kayanuma. Theory for Carrier-Induced Ferromagnetism in Diluted Magnetic Semiconductors [J]. Journal of the Physical Society of Japan, 2002, 71 (8): 2010~2018.

[150] http://jpsj.ipap.jp/link?JPSJ/71/2010/.

[151] Shigenobu K, Matsumura T, Nakamura T, et al. Ecological Uses of Tourmaline, First International Symposium on Environmentally Conscious Design and Inverse Manufacturing, 1 ~ 3 February, 1999.

[152] 梁金生，金宗哲. 稀土/纳米 TiO_2 的表面电子结构 [J]. 中国稀土学报，2002, 20 (1): 74~76.

[153] 黄翠英，张澜萃，李晓辉. 稀土离子掺杂对纳米 TiO_2 光催化制氢活性的影响 [J]. 催化学报，2008, 29 (2): 163~166.

[154] 彭富昌，崔晏，高洪林，等. 稀土 Sm 掺杂对纳米 TiO_2 结构和可见光催化性能的影响 [J]. 人工晶体学报，2017 (1): 117~123.

[155] 吴玉程，陈挺松，解挺，等. 纳米 TiO_2 稀土元素掺杂改性与光催化性能研究 [J]. 功能材料，2005, 36 (1): 124~126.

[156] 徐刘君，燕宁宁，柳清菊. 稀土元素与 N 共掺杂 TiO_2 光催化剂的研究进展 [J]. 功能材料，2012, 43 (13): 1665~1668.

[157] 刘丽静. La^{3+}-Yb^{3+}/TiO_2 纳米功能材料光催化性能的研究 [J]. 河南大学学报（自然科学版），2015, 45 (2): 147~151.

[158] 王峰华，曹海涛．一种功能性填料及制备方法，CN1566218.

[159] 王承遇，张国武．掺杂铈对玻璃表面 TiO_2 薄膜上油酸光催化降解的影响［J］. 催化学报，2000，21（5）：443~446.

[160] 谭敏，尹荔松．稀土掺杂对 TiO_2 薄膜光催化性能的影响［J］. 广西科技大学学报，2010，21（1）：28~31.

[161] 包镇红，江伟辉，何静，等．稀土掺杂对 TiO_2-SiO_2 薄膜晶相转变及性能的影响［J］. 中国陶瓷，2009，2：19~22.

[162] 张双．纳米二氧化钛与高硅氧纤维的结合性能及光催化性能的研究［D］. 陕西科技大学，2015.

[163] 余家国，赵修建．多孔 TiO_2 薄膜自洁净玻璃的亲水性和光催化活性［J］. 高等学校化学学报，2000，21（9）：1437~1440.

[164] 胡张顺．锌掺杂多孔 SiO_2/TiO_2 薄膜制备及光催化性能研究［J］. 应用化工，2013，42（2）：385~388.

[165] 陶国忠，古宏晨，陈爱平，等．Sol-Gel 法制备 TiO_2 粉末的光催化性能研究［J］. 华东理工大学学报（自然科学版），2000，26（1）：62~65.

[166] 金宗哲，黄丽容，卫罡．微米多孔陶瓷板及制备方法，CN1657501A.

[167] High Background Radiation Research Groop，China. Health Surrey in high background radiation areas in China. Science，1980，209（22）：877.

[168] Tao Z，Cha Y，Sun Q. Cancer mortality in high background radiation area of Yangjiang，China，1979~1995［J］. National Medical Journal of China，1999，79（7）：487.

[169] Baxter M S. High Levels of Natural Radiation：Radiation Dose and Health Effects［J］. Journal of Environmental Radioactivity，1998，40（3）：299~301.

[170] Sohrabi M，Babapouran M. New public dose assessment from internal and external exposures in low-and elevated-level natural radiation areas of Ramsar，Iran. International Congress，2005，1276（none）：169~174.

[171] Chen J Q，Hearl F，Chen R G，et al. Estimating historical exposure to silica among mine and pottery workers in the People's Republic of China［J］. American Journal of Industrial Medicine，2010，24（1）：55~66.

[172] Stagg P，Prideaux D，Greenhill J，et al. Are medical students influenced by preceptors in making career choices，and if so how? A systematic review［J］. Rural & Remote Health，2012，12（1）：1832.

[173] Loriot Y，Albiges-Sauvin L，Dionysopoulos D，et al. Why do residents choose the medical oncology specialty? Implications for future recruitment-results of the 2007 French Association of Residents in Oncology（AERIO）Survey［J］. Annals of Oncology，2010，21（1）：161~165.

[174] Firoz K A，Moon Y J，Park S H，et al. On the Possible Mechanisms of Two Ground-level Enhancement Events［J］. Astrophysical Journal，2011，743（2）：190.

[175] Narang A K，Lam E，Makary M A，et al. Accuracy of marketing claims by providers of stereotactic radiation therapy［J］. Journal of Oncology Practice，2013，9（1）：57~62.

[176] Jin Z Z, Wang Y, Huang L R, et al. Photon-ion-catalyzed Rare Earth Functional synergy material [J]. Journal of Rare Earths, 2005, 23 (S1): 54~57.
[177] 刘守新，刘鸿．光催化及光电催化基础与应用［M］．北京：化学工业出版社，2006.
[178] 王毅．层状 MoS_2/Cu_2O 复合半导体的制备及其光催化性能研究［D］．太原理工大学，2016.
[179] D. Briggs，等．X 射线与紫外光电子能谱［M］．桂琳琳，等译．北京：北京大学出版社，1984.
[180] 徐家鸾，金尚宪．等离子体物理学［M］．北京：原子能出版社，1981.
[181] F. F. Chen. 等离子体物理学导论［M］．林光海，译．北京：科学出版社，2016.
[182] 孙存普，张建中，等．自由基生物学导论［M］．合肥：中国科学技术大学出版社，1999.
[183] Jin Z Z, Zhang Z L. Photo-catalyze Rare Earth Materials with ability to translate free radicals into negative ions [J]. J. of Rare Earths, 2005, 2: 183~185.
[184] 季兰，戚生初．辐射化学［M］．北京：原子能出版社，1993：17~18.
[185] 黄丽容，金宗哲．稀土材料增强自由基减废技术［J］．化工学报，2006，57（5）：1255~1258.
[186] 蒋勇，邱榕，范维澄．柴油引燃天然气着火过程分析［J］．燃烧科学与技术，2002，8（4）：342~347.
[187] 卢莉莉．柴油引燃天然气发动机燃烧过程研究［J］．科教导刊（电子版），2015（6）：154.
[188] 张恒，龚希武．柴油引燃缸内直喷天然气发动机燃烧和排放特性研究［J］．舰船科学技术，2018（5）：97~101.
[189] 吴江霞．乳化柴油的制备及其在单缸柴油机上节能效果与排放特性的研究［D］．江苏大学，2003.
[190] Bi H F, Agrawal A K. Study of autoignition of natural gas in dieesl environments using computational fluid dynamics with detailed chemical kinetics [J]. Combustion & Flame, 1998, 113 (3): 289~302.
[191] 金宗哲．負イオン予燃焼による省エネルギーと排気低減効果．第 10 回日、韩、中遠赤外線シンポジウム，OSAKA，JAPAN，9~14，2004.
[192] Huang L R, Jin Z Z, Wang Y, et al. Rare Earth Materials Activate Diesel Oil [J]. Journal of rare earths, 2005, 23: 70~73.
[193] 黄丽容，金宗哲，王圣威．多孔陶瓷辐射活化柴油的研究［J］．中国稀土学报，2005，23：80~82.
[194] 黄丽容，金宗哲．稀土材料提高柴油活性的研究［J］．稀土，2006，27（4）：63~66.
[195] 黄丽容，金宗哲，王毅，等．光子催化活化柴油的研究［A］．第四届全国纳米材料会议论文集——纳米材料与技术进展［C］．北京：冶金工业出版社，2005.
[196] 孙明栋．磁化油燃烧效率的研究［J］．科学通报，1984，29（3）：160.
[197] 王东辉，谢小鹏，刘奕敏，等．磁化燃油对柴油机燃烧性能影响的实验研究［J］．润滑与密封，2013（7）：31~35.

[198] 罗晓春. 燃油磁化节能机理分析及应用 [J]. 工业加热，2003，32（1）：57~58.
[199] 王钧效，陆家祥，王桂华，等. 柴油机燃油物性参数的研究 [J]. 内燃机学报，2001，19（6）：507~510.
[200] 孙彩华. 柴油机燃油物性参数的分析 [J]. 中国水运（下半月），2014，14（7）：155~156.
[201] 李海洋，杨海涛，张清林，等. 共轨系统燃油压力及物性参数测试研究 [J]. 现代车用动力，2017（4）：50~54.